老杨的猫头鹰 著

每天演好
一个情绪稳定的
成年人

江苏凤凰文艺出版社

果麦文化 出品

做一个不动声色的大人吧,

沉迷又独立于俗世,

活得无怨并且尽兴,

归来时满载而且清白。

没有什么情绪是叹一口气缓解不了的,如果有,就叹两口气;就像没有什么肚腩是吸一口气藏不住的,如果有,就用力吸!

成长最紧要的任务是学会给自己松绑,而不是强行给自己加戏。
情绪稳定最要紧的是学会和自己和解,而不是和世界处处为敌。

其实，长大的意义就在于，你会越来越频繁地意识到『我的选择其实非常有限』，但也越来越清醒地知道『我永远都能选择』。

做你觉得要紧的事,走你认为善良的路,
少理那些满身是嘴的怪物。

长大就是一遍一遍地怀疑自己以前深信不疑的东西，
然后推翻上一个阶段的自己，
长出新的智慧和性情，
带着无数的迷惘与不确定，
坚定地走向下一个阶段的自己。

愿你付出甘之如饴，
愿你所得归于欢喜。

不可否认,爱会制造很多麻烦;
但与此同时,爱也会解决很多麻烦。

以你的真实面目示人,
自然会有人喜欢你的真面目。

我的建议是，

当你不得不完成某个让你焦虑、备感压力的任务时，

最好的对策就是马上去做。

换句话,梦想的路上,
最大的障碍不是它的遥遥无期,
而是你的望而却步。

所有的"咬牙坚持"都意味着"有所牺牲",
但最好的心态是,心甘情愿,愿赌服输。

新版序

抱着玩家心态，那最重要的事情是游戏愉快

眨眼的工夫，这本书已经出版五年了。

每当有人问："老杨啊，你最喜欢自己的哪本书？"

我都会呲着大板牙说："嘿嘿，当然是《每天演好一个情绪稳定的成年人》。"

送书给亲朋好友时，我首选的也是这一本。

喜欢这本书的原因主要有两个：

一是这本书写得很过瘾。我采访了很多有意思的人（读过的人多少有点儿印象吧），请教了很多专业老师（这个应该看不出来），把我真实的经历、想法、感受都袒露在文字里（掏心掏肺的那种）。在写的过程中，我想扎心就狠狠地扎（不怕你痛），想挖苦就用力地挖（不怕你哭），想幽默就先把自己逗笑（好多地方是边写边笑）。

二是我越来越确定，情绪稳定太重要了。不管是学习、工作、社交、恋爱、婚姻、育儿，还是独处，一个人，只有先稳

定了情绪，脑子才有用武之地。

借再版的机会，我想着重解释一下：情绪稳定不是没有情绪，搞定情绪也不是靠忍。

我理解的"情绪稳定"，不是逆来顺受地说"好的"，不是佯装平静地说"我没事"，也不是忍着火气说"我都说了我没事"，而是在遇到麻烦、受到打击、沟通不了、心里不爽的时候，能够调动积极的情绪去对抗糟糕的情绪，不随便抓狂，不轻易发飙，不自我拉扯。

很多人有一些误解，以为情绪稳定是从来不发脾气，是从来不会崩溃，是在任何事情面前都很冷静，是所有的心酸委屈都能憋在心里，是铁石心肠，是没心没肺……

而实际上，情绪稳定是内核很稳，是安全感很足，是心里很有底气，是合理地发泄，是平静地表达，是懂得包容别人的不同或不认同，是遇到两难选择时想得明白，是碰到诱惑时看得长远，是遇到问题时脑子灵活，是陷入麻烦时保持乐观……

所以，简单的事不随便争吵，复杂的事不一直烦恼；发火时不乱讲话，生气时不乱做决定；面对风凉话时，不理；面对恭维时，不信；面对不理解时，不急；面对嘲讽时，不气。

就算不能理解，也不会轻易吐槽；就算无法认同，也不会随便抬杠；就算被轻视了，也不会随意抱怨；就算身陷囹圄，也不会把负能量撒给无辜之人。

情绪稳定的本质是：

一、输得起。
就是大部分选择都是基于"我喜欢"和"我愿意"，所以你能欣然接受最坏的结果。但在尘埃落定之前，你动力十足，你很有耐心，你兴致盎然。

二、救自己。
就是任何时候都会对自己负责，不带怒气出门，不带怨气工作，不枕着烦恼入睡。
就是把简单的食物做得美味，把朴素的服饰穿得舒服，把不大的房子整理整洁，把难搞的日子过得"也还行"。
就是哪怕周围充斥着喧嚣、丑陋和恶俗，也依然笃定、善良、清白，不让自己失望，也不允许自己堕落。

三、挺自己。
就是不把自己归类为纤尘不染的宝玉，也不纵容自己变成扶不上墙的烂泥，而是假设自己是一颗有灵魂的种子。

就是不让自己变成一头远离人群的野兽，用偏激和愤怒来饲育自己的懦弱，而是原谅自己本就是俗人一个。

四、信自己。

就是永远相信自己"我还行""我能行"，此外还包括：竭尽全力之后坦然地承认"我不行"，以及面对讨厌的人能够大大方方地说"我不想行"。

就是不怨天尤人，不混吃等死，不一惊一乍，不慌不择路，而是有自己的节奏，平静且欢愉地朝前走。

五、想得开。

就是总对自己说"我很好""我值得""我超配"，而不是反复念叨"我不好""我不配""我不值得"。

就是嘴上和心里常说："没关系""OK呀""好的""就算……，也问题不大"。而不是反复强调："你应该""我就要""凭什么""如果……，那可怎么办啊"。

六、不缠斗。

就是遇到了粗鲁的家伙，你知道何时该"认怂"，而不是没完没了地纠缠，或者用拱火的方式去回应挑衅。因为你不知道这个家伙今天经历了什么委屈或难过，也不知道他此时憋了多大威力的火气或怨念，更不知道他发泄的方式有多激烈或危险，但你知道你的公司还有很多事情等着你去处理，你的孩子还等着你忙完了带她去游乐场，你的家人还等着你晚上回家吃炖排骨。在仅有一次的生命和已经很幸福的生活面前，所有的退让都无比光荣。

七、不内耗。

就是知道自己该做什么，而不是一直陷在"完了完了""惨了惨了""怎么办怎么办"的情绪里内耗。

就是知道自己该舍弃什么，而不是一直停在"为什么""凭什么""都怪我""都怪你"的坏逻辑里打转。

就是一切让自己不开心的人和事，一切和自己的目标相悖的人和事，都会自动远离或者屏蔽，绝不存在"怀恨在心"或者"等你出糗"的念头。

八、看得透。

就是不为一句无心的话乱发脾气，不为没有发生的事情提前操心，不让家人为自己的言行担惊受怕，不让自己和亲朋好友陷入危险境地。

就是容得下别人的风光，也按得住自己的嚣张。能保持敏感，却会因为思想通透而显得格外豁达；能保持温柔，却会因为有风骨而不显媚态。

九、有主线。

就是面对挑衅或者不公时，也能继续做自认为要紧的事。因为你明白，他人的诋毁只能代表他人的想法和判断，并不是事实本身。

就是被讨厌或者被差评时，也还是会坚持自认为正确的方向。因为你知道，外界的声音只是参考，不喜欢就不用参考。

就是抱着玩家心态，专注于自己的主线任务，因为你很清楚，既然是游戏，那最重要的事情是游戏愉快。

最后，祝你的人，自由自在；祝你的忙，不慌不忙；祝你的海，有帆有岸。

2024 年 5 月 23 日
于辽宁沈阳

前言

小时候，哭是搞定问题的绝招；长大后，笑是面对现实的武器

你的演技不错，尤其是假装快乐，给人的印象是"吃可爱长大的"。你面无表情地用着可爱的表情包，一脸冷漠地敲着"哈哈哈"。

你外表是个唯唯诺诺的"老好人"，但内心是个一等一的"顶嘴王"。嘴里经常说"嗯"和"随便"，心里想的却是"那怎么行"。给人的感觉是"乐意效劳"，内心却在咆哮"烦不烦啊"。

你间歇性想谈恋爱，但持续性不想理人。

本以为会在最好的年纪遇到最好的人，现实却是，在最好的年纪，你觉得谁都不咋的。

也曾骗自己说："错过就错过吧，好的总是压箱底。"但后来慢慢发现，自己的箱子深不见底。

你要用的东西总记不住放在哪里了，想忘的遗憾之事却总也忘不掉。

就像是你起身敬往事一杯酒,往事却对你说:"不好意思,我今天开车。"

你本想来个咸鱼翻身,结果一不小心就粘锅了。

也想过要努力变优秀,但"什么都不做"的那种舒服打败了"说到做到"的那种辛苦。

也想成为人生赢家,但"努力了却没有效果"的那种沮丧击垮了"我一定能行"的那份信心。

你的身体里住着一个不喜欢自己的自己,你平易近人的微笑背后藏着一长串厌倦的哈欠。

别人在朋友圈里发泄情绪,你都往自己身上扯;别人当面夸你几句,你就会反复掂量;别人一句无心的点评,你的心脏就像是被人捅了几刀。

如果最后一条信息没有得到回复,那么你就会默契地再也不发了。

即便是最亲近的朋友也不知道你担心什么,即便是你的亲妈也不知道你在为什么而难过。

你觉得长大非常扫兴,新鲜事寥寥无几,糟心的事却层出不穷。

你发现开心的事情没那么开心了,不高兴的事情也没有那么不高兴。

你总是从自己选择的人生看向自己没有选择的另一种人生,一边羡慕不已,一边悔不当初。你心里经常出现的句子是:"要是当初……就好了。"

你的优点是"知错能改",但缺点是"从来都不觉得自己错了";你擅长的事情是"闭门思过",但思的永远都是别人的"过"。

你费了很大的力气才说服自己,以为向生活低个头、服个软,生活就能对自己好一点点,结果却发现,生活总是得寸进尺,因为它希望你能跪下。

你小隐隐于不发朋友圈,大隐隐于各种小号。你每换一个社交软件就换一种人设,每切换一个账号就换一种人格。

你越来越清楚地发现,时间只是一个"包治百病"的庸医,也越来越清晰地感受到了生活的坚硬、现实的功利和交际的不圆融,也越发有"我已泯然众人矣"的伤感和"我还能怎样"的无奈。

往前,没什么把握;往后,找不到退路;站在原地,又惴惴不安。

生活的真相就是：除了容易长胖，其他的都挺难。

反正啊，楼上的熊孩子不会因为你不舒服就停止砸东西，邻座的情侣不会因为你沮丧就停止开怀大笑，同寝室的某某不会因为你想早点儿睡就安静下来，顶头上司不会因为你不高兴就让你的方案轻松通过……

反正啊，所有正在让你崩溃的时刻，所有让你惶惶不安的事情，所有你觉得跨不过去的坎儿，都得靠你自己熬过去。

反正啊，在束手无策的现在和得偿所愿的明天之间，在铺天盖地的焦虑和一切都尘埃落定之前，你还有大把时间。

世界到处都是透明的南墙，撞就撞吧，大不了两败俱伤！

毕业了，但初吻还在，这没什么；生活在人群中，却没有几个能聊的朋友，这也没什么。

怕就怕，你内心早就认定了那是"无聊的圈子、无聊的话题"，却又莫名其妙地盼着有人能邀请你。

不能造出宇宙飞船，不能创立商业帝国，这没什么；天赋一般，相貌平平，这也没什么。

怕就怕，你一直在临渊羡鱼，内心深处却阴暗地盼着努力打鱼的人们空手而归；你从不去做退而结网的事，却热烈地盼着鱼儿们从天而降。

喜欢稳定，喜欢岁月静好，这没什么；喜欢努力，喜欢功名利禄，这也没问题。

怕就怕，嘴里说"我要好好爱自己"的是你，拼命把自己往深渊里推的也是你；握紧拳头想要和全世界大干一场的是你，一上场就乖乖缴械投降的依然是你。

成长最紧要的任务是学会给自己松绑，而不是强行给自己加戏。情绪稳定最要紧的是学会和自己和解，而不是和世界处处为敌。

如果上帝为你关上了一扇门，你就试着把门踹开，而不是让上帝顺便把窗户也关上，以便你开空调。

如果命运扼住了你的喉咙，你就伸手挠它的胳肢窝，而不是哭诉它没有绅士风度，没有对你怜香惜玉。

不要矫情地问自己，"因为加班欠下的旅行，准备什么时候还上"，而是要清醒地问自己，"因为偷懒欠下的努力，准备怎么补上"。

也不要因为别人在玩、在偷懒，你也心安理得地浑浑噩噩，而是要时刻提醒自己："我是砍柴的，他是放羊的，我跟他玩耍了一整天，他的羊吃饱了，我的柴从哪儿来？"

如果你的内在一直在成长，那么你早晚会破土而出；但如果你只是谋求外在的热闹，那么你只会被埋得更深！

搞定情绪不是靠忍，而是经过一次次的失去和拥有，是好好说话和付诸行动，是好好吃饭和马上睡觉。

要想搞定情绪，你必须有一些触手可及的目标，最好是今天就能实现的那种，比如上班不迟到，上课不玩手机，和某个朋友聊一会儿天，而不是非得"等你有钱了"或者"等你有时间了"才去做的事。

你必须有一些庸俗的喜好，最好是吃喝拉撒那种，比如去旁边的小饭馆买一碗秘制的炒河粉，去临街的小店吃一份酸辣粉。

你必须在早上醒来的时候就清楚地知道今天最重要的任务是什么，比如完成多少道练习题，比如把昨天剩下的事情做完，比如向谁道个歉，或者陪某某去看场电影。

你必须给自己积攒一些细小的期待和成就感，必须给无聊的日子一些额外的快乐和仪式感，这样你才不会被遥远的梦想和铺天盖地的坏情绪累垮。

这样的你就能把哭声调成"静音模式"，把情绪调成"飞行模式"。

这样的你在无人捧场时，能幽默自嘲；在吃过暗亏后，还能仗义相助；在不被欣赏时，依然气定神闲；在得不到回应时，仍旧不失本性。

这样的你虽也游戏人间，但不沉迷；虽也雄心万丈，但不投机；虽也欲望缠身，但不放纵。就算眼前是一片荒芜，你也能像拓荒者那样，期待着这里变成人山人海的那一天。

这样的你知道自己想要什么，明确了当前最要紧的任务是什么。所以，在大家都人云亦云的时候还坚信着什么，在别人都随波逐流的时候还发自内心地热爱着什么。

心里有事，你就请个事假；心里有病，你就请个病假。
允许自己丧一会儿，但丧完之后，还要继续发光！

命运本来就是这样：能看到真善美，也会遇见假恶丑；有不期而遇的温暖，也有不辞而别的疏远；有求而不得的关怀，也有失而复得的感动。

你要学会接受它的狼烟四起和不怀好意，同时更要学会感激它的峰回路转和另有安排。

人生本来就是这样：有人喜欢你，就会有人讨厌你；有人在乎你，就会有人轻视你；有人赞美你，就会有人批评你。

你要学着用"这个人的喜欢"去赶走"那个人的讨厌"，

用"这个人的在乎"去打败"那个人的轻视",用"这个人的赞美"去抵消"那个人的批评"。

生而为人,你不能让这个世界为你提心吊胆。

生日和新年,就都不祝你快乐了,只祝你经历了成长的曲折和生活的颠簸,仍然还觉得"人间值得"。

愿你付出甘之如饴,愿你所得归于欢喜。

老杨的猫头鹰

2019.03.22

辽宁沈阳

目录

Life is not always sweet, but, I'm fine.

Part I
没错，长大是一件扫兴的事情

01 每天演好一个情绪稳定的成年人	002
02 你和自己都相处不了，却总想和别人打好交道	013
03 没错，长大是一件扫兴的事情	024
04 万事开头难，中间难，结尾也难	036
05 既对世俗投以白眼，又能与之"同流合污"	047

Part II
是的，相爱就是两个人互相治疗"精神病"

06 相爱就是两个人互相治疗"精神病"   060
07 谢谢你，那么忙，还亲自来伤害我   070
08 没有癞蛤蟆，天鹅也寂寞   080
09 所谓代沟，其实是还没来得及理解的爱   089
10 我们都擅长口是心非，又希望对方能有所察觉   100
11 明明是你死皮赖脸，何必怪他不留情面   109

Part III
讲真的，如果吼可以解决问题，那么驴将统治世界

12 评价别人容易，认识自己很难   120
13 最高级的教养，就是时刻替别人着想   130
14 静坐常思己过，闲谈莫论人非   140
15 手里拿着锤子的人，看谁都像钉子   149
16 如果要做圣母，请先以身作则   159

Part IV
对不起，你的青春已余额不足，且无法充值

17 失败是成功之母，成功却六亲不认 170
18 不按你所想的方式去活，就会按你所活的方式去想 181
19 绝大多数的人生困境，都源自那该死的随波逐流 191
20 自律是一场自己对自己发动的战争 201
21 放弃不难，但坚持一定很酷 213
22 优秀不是自我感觉，而是客观事实 224

Part V
实际上，时间只是一个自称包治百病的庸医

23 大脑是你的自留地，不是别人的跑马场 234
24 勿因未候日光暖，擅自轻言世间寒 244
25 时间只是一个自称包治百病的庸医 255
26 谁不是上一秒"妈的"，下一秒"好的" 266
27 纯洁不是知道的少，而是坚守的多 275

Part 1

没错，
长大是一件扫兴的事情

越长大，就越清晰地感受到生活的坚硬、现实的功利和交际的不圆融，也越发有"我已泯然众人矣"的伤感和"我还能怎样"的无奈。

概括起来说就是：这世间，并不宜人。

01 每天演好一个情绪稳定的成年人

- 1 -

我一直以为,三岁小孩是没有烦恼的。

直到有人告诉我,说他见过一个背着书包的小女孩在赶校车的时候摔倒了。她既没哭,也没闹,而是自己爬了起来,一边用手拍身上的灰,一边噘着嘴巴说:"咋就没摔死呢?摔死了我就不用上幼儿园了。"

我一直以为,收入稳定、家庭和睦的中年人会活得很惬意。

直到有人跟我说,说他在一家豪华餐厅的走廊里看到一个三十多岁的男人,一边用力地掐自己的大腿,一边恭恭敬敬地接听电话。他的脸色非常难看，但语气中没有一丁点儿的不耐烦。他说："是的，老板，'复制'是按'Ctrl+C'，'粘贴'是按'Ctrl+V'，但是在家里的电脑上按'Ctrl+C'，然后在公司的电脑上再按'Ctrl+V'，这肯定是粘贴不了的。是的，同一张图片也不行。不不不，多贵的电脑都不行。"

"谁都不容易"，是真的。

- 2 -

看见吴大小姐趴在桌子上睡觉，我经过的时候轻轻地敲了敲桌子，并低声提醒她："快起来，老大马上过来了。"她迅速把自己从桌子上"扶"了起来，像扶起一个碰倒了的水杯。

成功躲过一劫后，她在微信里谢我的"救命之恩"，我顺嘴关心了两句，并提醒她以后晚上早点儿睡觉。结果她的回复差点儿没笑死我。

她说："其实我很早就睡了，可是做了一晚上的噩梦。先是梦见一群人追着要打我，把我吓醒了。等我再次睡着之后，结果又梦见了那群人，他们就一边追我一边喊：'你还敢回来啊。'然后我又被吓醒了。"

笑归笑，但我知道这是她瞎编的，因为她肯定熬夜加班去了。

昨天临下班她被老大咆哮的时候,全公司的人都在屏息凝听。

老大的嗓门就像扩音喇叭,恨不得连南极的企鹅都通知到位:"就你这个工作态度,公司早晚要毁在你的手上。如果明天不能给我一个新方案,你就别来了。"

从老大的办公室里出来,她的眼眶是红的,但是脸上挂着"今天天气不错"式的官方微笑,就好像刚刚发生的不是一场狂风暴雨式的痛批,而仅仅是一次声音洪亮的谈心。

不论是生活中捅了篓子,还是工作中戳了马蜂窝,她永远是一种"泰山崩于前而色不变,麋鹿兴于左而目不瞬"的状态。就像是在参加一场极其重要的酒会,就算是不小心穿了一双磨脚的鞋子,纵然每一步都痛苦得如同走在刀刃上,但脸上依然摆着优雅的笑。

有个同事找她抱怨说:"受的都是窝囊气,挣的都是遭罪钱。"

她反倒去安慰人家说:"工作之所以拿工资,就是因为折腾人嘛,如果工作是拿来享受的,那我们估计就得给老大钱了。"

我问过她:"为什么不跟人解释解释?为什么不抱怨?真的不难过?"

她轻松地说:"因为我很清楚,老大才不管我熬了几次夜,他只看最终结果;同事也不在乎我哭过多少回,他们只看得到表面现象。所有的过程都得由我自己独撑。与其在人前哭惨,不如装个'女汉子'。"

她接着说:"我近些年来的最大收获,就是在崩溃的时候不去连累别人。我曾经为了在这栋大楼里找一个能大哭一场的地方,面带笑容地爬了八层楼梯。"

说到这里的时候,她来了一个一百八十度的转弯:"所以,任何时候我都不会垂头丧气、拉着个驴脸,那样会显得腰圆、腿短、个子矮!"

原来,那些表面上看起来不动声色的人,其实内心比谁都有韧性。

哪怕身体里灌满了悲伤或失望,他们也能稳住情绪,像是拧紧了瓶盖,滴水不漏。

然后,他们无害地拥入人群,坦然地承受生活的锤来锤去。

成长的过程中最要紧的事情是:停止暴露自己,学会隐藏自己。

那么你呢?

你非常喜欢"从前慢、车马也慢"的从容生活,可外卖小哥如果迟到了两分钟,你就会骂娘。

早上出门的时候想要做一个给大家带来快乐的小天使,工作了一小时就暴躁得像一只霸王龙。

你时而对生活满怀信心,但会在某个瞬间全盘推翻。信心爆棚的时候,你觉得自己无所不能,一旦被生活绊了一下,就马上丧得六亲不认!

更可怕的是,还有人会因为一时的情绪失控去摔东西、跳楼、抢行驶中的汽车方向盘,甚至失控地将凶器刺向陌生人……

我想说的是,生气的后果永远比生气的原因要严重得多。

比如,简单的剐蹭常常是以大打出手结束,"今天的菜咸了"往往是以"这个月都得吃外卖"结束,"你怎么不理解我"大多是以"分手快乐"结束。

所以我一再强调:千万不要用自己的那张臭脸和臭嘴,去影响别人的心情和生活,在关系脆弱的年代,所有的克制都值得提倡;也永远不要因为自己的一时怒气,去纠缠或挑衅陌生人,在仅有一次的生命面前,所有的退让都无比光荣。

你要小心翼翼地发泄,精打细算地降压,并且争取在最短的时间内戴好用于伪装的面具。

别想着如何改变或者拯救世界了,能不给这个世界添堵,你就已经很了不起了。

没有什么情绪是叹一口气缓解不了的,如果有,就叹两口气;就像没有什么肚腩是吸一口气藏不住的,如果有,就用力吸!

- 3 -

我和老唐家就隔了一条街。晚上八点多,我接到了老唐的电话。大意是,他家的萨摩被小区保安扣下了,让我赶去救场。而他当时正在陪一个重要的客户喝酒,并且对方点名要求他:"不醉不归!"

等我赶到保安室的时候,只见一堆人围着一只狗,有指指点点的,也有骂骂咧咧的。而那只名叫"伯爵"的萨摩,此时正蜷缩在墙角,就像一位破产了的马戏团团长。

我挤到它面前,它一下扑到我身上,用两只前爪紧紧地抱住我,眼神里堆满了"我不知道发生了什么"式的委屈。

经了解,原来是智商迷人的"伯爵"自己开了房门,然后从二十六楼一路"杀"到了二十九楼。这期间,二十七楼的泡菜、二十八楼的盆栽,以及二十九楼的鹦鹉,全都"壮烈牺牲"。

即便是听到这里,我也完全没有意识到事情的严重性,甚至还在庆幸"幸亏它没有伤到人"和"幸亏它没有遇见坏人"。

我把这些情况告知了老唐,并向围着要说法的人赔了诸多笑脸。

到了晚上十一点多,老唐终于回来了,陪我一起等他的,除了"伯爵"之外,还有二十八楼和二十九楼的两家的住户。我后来才明白,他们两家的损失最大。

其中二十八楼被毁掉的是一盆黑松，房主说，这是他日本的亲戚送的，养了十多年，向老唐索赔两万元。

而二十九楼的那只鹦鹉更是了不得，除了品种名贵之外，还和老主人相伴多年，因此主人索赔八万元。

出乎我意料的是，老唐全程都很镇定，没有一句讨价还价的话，也没有一个表情是愤怒不满的。鉴于此，两个邻居慷慨地决定给他打个九五折。

在刷爆了两张信用卡之后，老唐总算能带"伯爵"回家。

我原本以为，他会揍"伯爵"一顿，至少，也会大吼一通。

然而没有，他一进门就疲惫地瘫坐在沙发上，抱着萨摩的脑袋，很温柔地说："想吃酸菜叫花鸡啊，你跟我说啊，干吗自己动手，还去吃人家的，还那么贵。"

然后，他平静地给"伯爵"洗澡、梳毛、亲手做狗粮……完成了一连串高质量的"铲屎官"动作之后，他硬拽着我去陪他喝酒。

他边把啤酒小口小口地往嘴里倒，边说话，说着说着，竟然有了几分哭腔。

他说他一整天都处在精神高度紧张和近乎崩溃的边缘，除了要跟挑剔又爱贪便宜的甲方卖萌求关怀，还得跟精明又抠门的老板斗智斗勇。

他说他有时候觉得这日子没法过了，感觉就像是，自己不知道要去哪里，可此时已经在路上了，路的后面没有万家灯火，前方却是白雾茫茫。

喝完了酒,他瞬间就从神伤的状态变回了之前那个温文尔雅的状态。

我什么都没多问,只是静静地听他说。我突然意识到,他怎么可能没有怨气、愤怒?肯定有,只是他都藏起来了。

我瞬间觉得,这个世界上最厉害的人,不是手里的武器有多先进,不是银行卡里的余额有多可观,不是脑子里的人生哲理有多深厚,而是控制情绪的能力有多强。

这种人厉害的不是发动机,而是刹车装置;拼的不是速度,而是耐力。

这个世界到处都有失魂落魄的人。

半夜十二点,失恋的人正无比清醒地、翻来覆去地想着那个他。

凌晨三点半,四下无人的街上,喝多了的人正愤愤地骂着某个无脑的客户。

连加了三天班,"熬夜大神"正拖着疲惫的身体,浑浑噩噩地回到了空荡荡的家里……

可是,一旦早上的闹钟响了,他们就必须扔掉悲伤、脆弱、疲惫,重新披上盔甲,然后假装什么都没有发生过,重新投入生活。

是的,你已经是成年人了,就得把情绪当作一门生意,要自负盈亏。如果说，平静下来不是面对麻烦的最好方式，那么，愤怒或者崩溃更不是。

糟糕的情绪不但解决不了任何问题，还会把简单的事情复杂化，你只会得到更多的反感、误会、拒绝，甚至是厌恶。

毕竟，你的每一段经历都是一个温柔而又犀利的道理，你的每一次臭脾气都是一个可笑而且尴尬的案底。

所以，不要再将脾气暴躁、情绪失控的自己比作"带刺的玫瑰"了。 事实上，只有那些有能力、有颜值、有身材、有性格，而且还有人疼爱的人才有这样类比的资格，像你这样"一点就着，一碰就奓毛，而且根本没人心疼"的人，其实更像是一根"狼牙棒"！

- 4 -

经常听到有人说："成长就是把哭声调成静音的过程。"

为什么要调成静音？因为小时候哭闹和发脾气，会有人来关心你、帮助你、惯着你，并且你不需要对此有什么心理负担。

现在的情况大不相同了，一来，在意你情绪的人越来越少；二来，你会担心因此打搅了别人，同时不想被人担心。

难怪在问题"'我很难过'怎么翻译？"的下面，获赞最多的

Life is
not always
sweet,
But,

I'm fine.

小时候,
哭是搞定问题的绝招

长大后,
笑是面对现实的武器

Keep Smile

世界到处都是透明的南墙,
撞就撞吧,

大不了两败俱伤!

日期：

记录此刻心情：

心里有事,
你就请个事假;
心里有病,
你就请个病假。

允许自己丧一会儿,
但丧完之后,
还要继续发光!

日期:

记录此刻心情:

没有什么情绪是
叹一口气缓解不了的，
如果有，
就叹两口气；

就像没有什么肚腩是
吸一口气藏不住的，
如果有，
就用力吸！

日期:

记录此刻心情:

☺ ☻ ☹ ☹ 😐

人生总是这样:
有顺风顺水的时候,
也会有四处碰壁的时候,
你要懂得用"春风得意"时的自己,
去拉一把"水深火热"中的自己。

日期：

记录此刻心情：

在成长的过程中，好事和坏事、好人和坏人你都会遇见，就像低俗与高雅、邪恶与善良、急性子与拖延症，都在你身上共存一样。

所以，偶尔看透但别失望，偶尔迷惘但不沉沦；承认长大的扫兴，也要努力活得尽兴。

日期:

记录此刻心情:

在不幸的生活中待得越久的人，就越能理解一个无奈的道理：
仅仅只是坏事结束，就足以让人觉得幸福。

日期:

记录此刻心情:

成熟就是,不再自命不凡,也不再妄自菲薄,对内消除傲慢,对外消除偏见。共勉。

日期:

记录此刻心情:

答案是"I am fine（我很好）"。

活着都不容易，所以请尽量克制自己的情绪。

能说"我不知道"的，就别说"我怎么知道"；能说"是的，没错"，就别说"那你说呢"；能说"还行"的，就别说"你怎么会喜欢这种东西"；能说"怎么了"，就别说"又怎么了"；能沉默的时候，就别说话。

如果实在忍不住想翻个白眼，就先闭上眼睛。

最好的态度是：不钻牛角尖、不攀比、不恋战，悄悄地努力，悄悄变厉害。

就像余华写的那样："作为一个词语，'活着'在我们中国的语言里充满了力量，它的力量不是来自喊叫，也不是来自进攻，而是忍受，去忍受生命赋予我们的责任，去忍受现实给予我们的幸福和苦难、无聊和平庸。"

这样的你才能一边尽兴地享受生活，一边耐心地忍受生活，享受它的巧妙安排和丰富多彩，忍受它的不怀好意和狼烟四起。

人生总是这样：有顺风顺水的时候，也会有四处碰壁的时候，你要懂得用"春风得意"时的自己，去拉一把"水深火热"中的自己。

有人喜欢你，就会有人讨厌你，你要学着用"被人喜欢"的喜悦，去排遣"被人讨厌"的不安。

有人在乎你，就会有人轻视你，你要懂得用"被人在乎"的荣幸，去打败"被人轻视"的忐忑。

有人赞美你，也会有人批评你，你要尝试用"被人赞美"的满足感，去为"被人批评"的挫败感买单。

生而为人，你不能让这个世界为你提心吊胆。

最后，读一首杨一午的《一次最多放两个》吧。

"你如果 / 缓缓把手举起来 / 举到顶 / 再突然张开五指 / 那恭喜你 / 你刚刚给自己放了个烟花。"

02 你和自己都相处不了，却总想和别人打好交道

- 1 -

老胡发了一个朋友圈："出售本人，自己不想要自己了，活得太累。本人手续齐全，外表有点儿福气，有点儿岁月剐蹭，心里有点儿伤，但生活能自理。有意者欢迎咨询，包邮，自己上楼。"

我评论道："来来来，寄到我家来，除了风花雪月，我这里有酒有肉。"

不一会儿，他就发了一张丧丧的自拍照，眼神涣散，愁眉苦脸，像个被摔坏了的洋娃娃。

一问才知道，他被部门的小伙伴们孤立了。每次讨论问题，他说的话都会被其他人一致否定；节日聚会，几乎没有人会约他一

起。更糟糕的是，他能在朋友圈里看到另外四个人发的聚餐照片。

老胡是个出了名的"独行侠"。从高中开始，他就一个人吃饭，一个人上课，一个人自习，到了大学还是那样。他走路的速度是正常人的两倍，不是因为有什么着急的事情，而是为了尽可能地缩短在路上的时间，也因此避免遇见什么人。

我至今还记得他的个性签名，写的是："从童年起，我便独自一人／照顾着／历代的星辰。"

他问我："被孤立了该怎么办？"

我回答说："你高中和大学是怎么办的，现在就继续那么办。毕竟你当前的生活不是你最后的归宿。"

很多人都遭受过孤立。

有的人仅仅是因为被圈子里最受欢迎的那个人讨厌了，其他人就跟风站队，一起排挤这个人。

有的人是因为相貌、身材、出身等处于劣势而遭到孤立，还有人是因为成绩出色、能力出众、气质超群而被贴上"不合群""孤僻"的标签。

换句话说，很多人之所以被孤立，很多时候并不是因为自己做错了什么。

你只是水流当中那块比较大的石头而已，别人越不过你，只好从你身边绕行！

那么你呢？

刚到一个新环境的时候，因为担心喊错了别人的名字，所以你一直不敢跟对方说话，迫不得已要说话，开口就直接说"喂"。

排队的时候，发现有陌生人打算站在你旁边，而不是排在你后面时，你瞬间会被焦虑淹没。

逛超市的时候，如果不买点儿什么出来，你就担心被超市保安当成小偷。

在人多的地方你从来不会吃薯片，因为担心嘴里发出的声音像建筑工地上施工的声音。

……

其实，每个人身上都有一些特性，有人擅长交际，有人天性冷清；有人善解人意，有人后知后觉。可惜的是，总有一些人为了显得合群，为了符合大众的眼光，卖力地消除自己身上的怪癖，也因此毁掉了自己的天赋。

当一个人以"合群"为荣，评价进步不以成绩和结果，而是以朋友圈的评论数、点赞数、合照数为标准，那么这个人必然会被社交拖垮。

你必须学会和自己做伴，而不是委曲求全地挤进某个圈子。

这么做的坏处是，你的朋友圈里点赞数很少，你的聚会很少，你收到的生日祝福很少；但好处是，你不必为了顺从或讨好别人而扭曲自己。

我知道"做自己"很难，每个人身边都有一群人想要改变你、教育你、纠正你，每次"做自己"都像是起义一样，会轻易被他们嘲笑、镇压、孤立。

但是，你至少应该有所反抗，有所坚持，毕竟这是你的人生，就算真的要毁，那也要毁在自己手上。

别人说你不可爱，你马上就装出人畜无害的样子来；别人说你素质低，你马上就歇斯底里；别人说你傲慢无礼，你马上就摆出一副臭脸。

你怎么就这么听话呢？别人说你什么，你就马上证明他是对的。

还是那句话，你是内向型性格就要努力向内秀靠拢，而不是强行改变自己，憋出一身内伤！

- 2 -

有很长一段时间，我对"高冷"这个词有误解。误以为高冷的人不过是圈子太窄了，眼光太高了，又或者是性格有缺陷。直到我认识了曾姑娘。

曾姑娘是朋友圈里出了名的"高冷女神"，想要"融化"她的人前赴后继，但她依然单着。有陌生人加她微信，她会耐心地听完对方加她的目的，然后再决定是马上删掉，还是过几天再删。所以她的联系人名单最多的时候也不超过五十人。

她偶尔参加聚会，但话一直很少。别人三三两两地聊得热火朝天，她就安安静静地坐在一旁。她不会无聊地独自玩手机，而是非常耐心地听着，偶尔还会帮忙递个零食。

闺密谈恋爱了，别人都是一窝蜂地起哄，要求她带男友出来见见，她却是一声不吭送精致的礼物给人家；闺密要是失恋了，别人都是说一堆宽心话，她却是直接帮对方把前男友的联系方式删个精光。

有人追求她："我会对你很好，你愿意做我的女朋友吗？"她反问道："你愿意和一个不喜欢你的人在一起吗？"

有人和她断交："以后我们是陌生人。"她回复道："我们一直都不熟。"

原来，真正的高冷是，不过分热情地讨好，也不违背良心地谄媚；笑容可掬却难以靠近，态度和蔼但隐有杀气；独居斗室和浪迹天涯是一种心情，四下无人和熙熙攘攘是一种状态。

反之，见谁都是一副苦瓜脸、言辞刻薄而且傲慢无礼的人，他们算不上高冷，而是社交无能！

就好比说挑食。挑食没有问题，你有不喜欢某种食物的权利，没有人有资格逼你。

但如果你不喜欢某道菜，然后在饭桌上摆出一副臭脸，翻翻这个盘子，又戳戳那个盘子，咆哮着抱怨："怎么会有这么难吃的东西？""这么恶心的东西你们怎么吃得下去呢？"这样的你就会让人非常讨厌。

同样，不喜欢自己所在的圈子也没有问题，你有选择的权利，别人也有不喜欢你的权利。如果你处在一个让你非常痛苦的环境中，要么就学会忍耐，然后改变环境，要么就勇敢地离开。

不要待在痛苦的地方自我纠结，今天失魂落魄，明天怨声载道，这只会让别人得出一个错误的结论，然后指责你、嘲笑你，并且加倍地孤立你。

有人可能会误以为佯装高冷就是"做自己"，但真正做自己的人都擅长处理好"羡慕嫉妒恨"这些容易让人失控的情绪。

看着别人功成名就了就说"命运对自己不公平"，看着别人顺风顺水就说"生活待自己刻薄"，看到别人前呼后拥就说"人心薄凉而且势利"……时时刻刻都在和旁人做比较，本质上还是想要成为别人，哪里是在做自己呢？

当你笃定地朝着目标努力的时候，别人过什么样的日子，关你什么事？

真正在做自己的人，在心灵上一定是井然有序的状态，对自己也是彬彬有礼的姿态！

所以，不要羡慕别人的滔滔不绝，也不用嫉妒别人的一呼百应。话多的人很有可能是在害怕着什么,话少的人常常是因为坚信着什么。

被问到"你为什么一直单身",俞飞鸿的回答是:"因为我不觉得单身有问题!单身或者结婚,对我来说都不是什么难题,我觉得哪种选择更舒服,就待在哪种选择里。"

被问到"一个人待着,你不会觉得寂寞吗",山本耀司反问道:"寂寞?还有什么能比孤独更奢侈?"

被问到"结婚"的话题,林夕的回答是:"很多人结婚只是为了找个跟自己一起看电影的人,而不是能够一起分享电影心得的人。如果只是为了找个伴,我不愿结婚。我自己一个人就能去看电影。"

原来,这个世界上有那么多人做着"买椟还珠"的蠢事,不是因为不识货,而是因为他们知道自己想要什么!

- 3 -

有个好玩的寓言。

小狗觉得大家不喜欢自己,就去找大狗诉苦。

大狗说:"你抱怨大家不理你,因为小猫在抓蝴蝶,小猪在唱歌,小鸡在抓虫子。可是,你有没有陪小猫抓蝴蝶,陪小猪唱歌,陪小鸡抓虫子呢?"

小狗说:"难道陪他们玩,我就不孤独了吗?"

大狗说:"不会,你陪他们做自己不喜欢的事情,时间长了,你会更加孤独。"

小狗又问:"那到底怎样才能不孤独呢?"

大狗说:"孤独是必然的,反正我是没有那种能够完全避开孤独的方法。但我想提醒你的是,不要把别人的冷漠当成自己孤独的原因!"

你躲在角落里,既没有呐喊,也没有发光,凭什么得到这个世界的瞩目?

你一声不吭地藏在人海里,既没有技压群雄,也不算鹤立鸡群,又凭什么责怪没有人看到你?

敏感的人就像是拿着一个放大镜看世界。得到一丁点儿的善意或者遭遇一丁点儿的恶意,他们都会铭记于心或者耿耿于怀。

别人在朋友圈里发泄情绪,你都往自己身上扯:他是什么意思?是不是对我有意见?是不是我做错了什么?

别人当面夸你几句,你就会反复掂量:他是不是随口一说?他是不是在讽刺我?他是不是有什么别的动机?

别人一句无心的点评,你的心脏就像是被人捅了几刀:他都那样说了,肯定是不太喜欢;他说得那么直接,肯定是我做得不好。

别人突然不回信息了,你就会想:是不是我刚刚说错话了?是不是对方误会我什么了?

不会和别人发生正面冲突，因为你既害怕别人看到自己失态的样子，也害怕没有人会站在自己这边。

不愿主动参与竞争，因为你怕自己争不过别人，也怕自己是被放弃的那个选项。

不敢跟亲近的人袒露心声，即便是最好的朋友也不知道你暗恋着谁，即便是你的妈妈也不知道你在为什么而难过。

总的来说就是，无论要做或者不做什么事情，你首要考虑的总是别人的看法。

因为你的身体里住着一个不喜欢自己的自己，所以你在自己周围筑起了高墙，没有人能真的进来，也尽量不放自己出去！

但我想说的是，人不可能全然不顾别人的看法，但也不必只活给别人看。

既然你选择了一种与众不同的生活方式，又何必去在乎别人以与众不同的方式对待你？

亚里士多德说了："凡隔离而自外于城邦的人……他如果不是一只野兽，那就是一位神祇。"

即将毕业了，但初吻还在，这没什么；一把年纪了，没有几个知根知底的朋友，这也没什么。

怕就怕，你内心早就有了结论："这种无聊的聚会我是真的不想去。"但又莫名其妙地心存期待："好希望有人能邀请我去。"

成长最紧要的任务是给自己松绑。

他突然不理你了，就是他在忙，没有别的原因；有人夸了你几句，就是他觉得你在某方面表现不错，没有什么阴谋；有人批评了你几句，就是觉得你在这个地方还需努力，并没有否定你全部的人生。

希望你能明白，很多让你纠结的事情，并不是事情本身有问题，而仅仅是你想多了。

- 4 -

微博上曾有一个问卷，问题是："你最爱自己什么？说出来让大家也喜欢一下。"

有个回答让我看着心疼，他说："我盯着问题发呆了半天，脑子里竟然空空如也，因为我突然意识到，对自己发自内心的那种爱，好像一点儿都没有。"

在社交如此便捷的时代，我们的生活也变得前所未有的喧嚣。我们一方面见识到了这个世界的美好，参与了越来越多的分享和交流，另一方面又会不自觉地陷入焦虑和自卑中。

因为网络会营造出两种错觉：一种是让人误以为不用见面、不用花时间、不用很优秀、不用好看也能交到很多好朋友；另一种是让人觉得别人都活得很精彩，只有自己一无所知、一无所有，什么都做不好，很没用！

为什么有的人不管多大年龄，角色永远是"被生活骗了的人"？为什么有的人换了很多公司，角色永远是受气包？为什么有的人换了很多个男朋友，角色永远是苦情女主角？

为什么倒霉蛋总是他？为什么怀才不遇的总是他？为什么遇人不淑的总是她？

事实上，当"出身不好、学历不高、相貌不行、交际不好、环境不行"的念头塞满了你的脑子，你的人生就注定会永无宁日。

反之，当你认清了自己的不足，然后接受了这些不足，你就应该把注意力放在认真做事、变得优秀上。这样的你就无暇去赴孤独的宴请。

无人问津也好，技不如人也罢，你要试着安静下来，问问自己还可以做点儿什么，然后马上着手去做。而不是让烦躁、焦虑、嫉妒、不甘之类的负面情绪毁掉了你本就不多的热情和定力。

如果你的内在一直在成长，那么你早晚会破土而出；但如果你只是谋求外在的热闹，那么你只会被埋得更深！

03 没错,长大是一件扫兴的事情

- 1 -

晚上十一点多了,不够好小姐突然给我发了十多条私信。

大意是说,她和她的生活都很丧,她是沮丧的丧,而生活是丧心病狂的丧。

比如,大前天是她二十七周岁生日,可她宁可把自己关在出租房里吹生日蜡烛,也不敢在朋友圈里呼朋唤友。她怕别人知道了不想理她。

结果如她所愿,一整天收到的生日祝福没有一条是来自朋友的,都是来自某某银行和几年前逛过的某某网站。

比如，上周五被老板喊去谈话，她满心欢喜，以为老板会跟她谈谈涨薪的事情。结果老板只说了一句话："下次帮我冲咖啡的时候，记得加一袋奶。"

她不知道当前工作的意义是什么，每次回想过去一段时间的收获，感觉就像是从一场昏睡中醒来。

又比如，前些天有亲戚逼她相亲，她刚推托说"最近有点忙，下次再约"，对方马上咆哮起来了："你都一把年纪了，还好意思挑三拣四？"

她不明白，为什么自己的命运要由一些既不是真心爱她，也不是真正理解她的人来摆布。

情绪崩塌的导火索出现在今天早上，她将大瓶装的化妆水往一个精致的小瓶里倒，结果一不小心倒多了，化妆水洒出来很多。她当时的第一反应居然是用嘴巴去啄，就像倒可乐倒满了用嘴去吸一下，以免浪费。

她说："那一刻我丧到了极点，突然觉得自己是稀里糊涂活到这把年纪的。稀里糊涂地上学、恋爱、分手，然后单身至今；稀里糊涂地找了一份不怎么喜欢的工作，和几个不喜欢的同事一起工作，做着不喜欢的事情。而我身边的很多人似乎非常清楚自己想要什么，他们知道什么时候该学习，什么时候该恋爱、结婚、跳槽……他们好像天生就知道该怎么长大成人，而我却一直是个稀里糊涂的笨小孩。"

我回复她:"其实,大家都差不多,越长大就越觉得快乐少得可怜,就像乞丐碗里的几枚硬币似的值得感恩。"

你会发现,朋友越来越少,亲人越来越老。

刚刚在 KTV 里一起唱"朋友一生一起走",出了门却只能在心里嘀咕:"咦,都到哪里去了?"

始终觉得自己还是一个活在父母羽翼之下的小孩子,可一转身却发现父母都老了,老得走路都踏不出声音了。

你会发现,想记的记不牢,想忘的忘不掉。该背的单词和公式,你是过目就忘;该忘的人和事,你却记得死死的。就像是,你起身敬往事一杯酒,结果往事对你说:"不好意思,我今天开车,不能喝酒。"

并没有亲历什么惊天动地的大事,但一堆无足轻重蜂拥而至的小事足以击溃你的心理防线,它们串成了鞭炮,让你的灵魂不得安宁,让你咬牙切齿地把这个混蛋的世界恨了好几遍。

但我想说的是,长大过程中遇到的每个问题,都是为你量身定做的,既避免不了,也无人代劳,唯有靠你自己死扛。

解决了,你就是这一届人类当中的佼佼者;解决不了,你就不得不继续在人海里熬。

呱呱坠地的时候,我们谁都没想到这是一个如此蛮不讲理的世界。

有些人的梦想是亲自上月球取一块石头，有些人的梦想却是去街头小卖部里买一个棉花糖；有些人觉得被叮咛、被嘱咐是一种束缚，有些人却自始至终都无人问津；有些人生来就天赋异禀，有些人不得不流汗死撑。

也曾抱怨过生身父母，但后来逐渐意识到，他们为了供养自己已经竭尽所能；也曾抱怨过生不逢时，但慢慢了解到，自己并不是命运的特别关注。

那么，活在焦虑之中，同时不被好运气垂青，并且一路上磕磕绊绊的你，认命了吗？

是选择控诉命运，然后混吃等死，还是选择埋头努力，去改变现状？

是选择顾影自怜，然后昏昏欲睡，还是选择脚踏实地、勤勤恳恳？

是选择嫉妒那些自带主角光环的人，还是选择好好珍惜尚在身边的人？

其实，长大的意义就在于，你会越来越频繁地意识到"我的选择其实非常有限"，但也越来越清醒地知道"我永远都能选择"。

就像蔡康永在《给未知恋人的爱情短信》中写的那样："森林不残酷吗？有灾病猎杀，但动物仍美好着。宇宙不残酷吗？荒寂无回应，但星辰仍美好着。社会也残酷，有生死离别，会井干路绝，但人仍美好着。"

是的，出身无法选择，但人生可以！

如果上帝为你关上了一扇门，你就试试把门踹开，而不是让上帝顺便把窗户也关上，以便你开空调。

如果命运扼住了你的喉咙，你就伸手挠它的胳肢窝，而不是哭诉它没有绅士风度，没有对你怜香惜玉。

- 2 -

想起了和覃姑娘的一次长谈。

她说："长大有什么意思呢？聪明得像个严丝合缝的笨蛋，心里恶心还要假装合群，讨厌得要死还不能撕破脸皮，然后还假装豁达地自我暗示：看清她何必要揭穿，讨厌她何必要翻脸。但毫不掩饰地说，我没有那么豁达，我有时候甚至会邪恶地盼着她出门被车撞，最好是被撞成半身不遂的那种，然后长命百岁，孤独终老！"

覃姑娘说的那个"她"其实是她的室友，暂且叫她 X。

大一那年，覃姑娘在一家烤肉店做临时工，每天被吆来喝去，累得腰酸背痛，一天才赚一百五十元。X 知道了，就当众问她："你赚了钱，是不是应该请大家吃东西？"

覃姑娘实际上非常不情愿，因为那是她的血汗钱。而且她早就算好了，辛苦一个月加上省吃俭用的钱，刚好给自己报个英语补习班。可 X 又当众补了一句："如果舍不得就算了。"

万般无奈，覃姑娘第二天将辛苦赚来的一百五十元全部买了烤串、炸鸡和啤酒，然后拖着疲惫的身体，顶着凛冽的北风带回寝室。结果X一句感谢的话都没有，就带头招呼大家享用，就好像是她买给大家的一样。

快要吃完了，X突然问了一句："这些肉该不会是烤肉店里的剩菜吧？"众人哄笑。

覃姑娘被气傻了。她没想到人可以讨厌到这种程度。她想撕破脸把X大骂一顿，可根本就张不开嘴。

从那之后，覃姑娘对X的讨厌到了深恶痛绝的程度。用覃姑娘的话说就是："想着要和她同寝四年，我绝望得就像是买了一张需要站四年的站票。"

很多时候，即便X一动不动地坐在寝室里都会让覃姑娘恶心到发慌。她翻书的声音、喝水的声音、走路拖地的声音都能让覃姑娘抓狂。不论多么愉快的一天，都能被X的出现瞬间毁掉，然后不由自主地想要翻白眼。

被X点过赞的微博和朋友圈，覃姑娘都会偷偷地删掉，就连被X摸过的门把手，覃姑娘都不想再碰了。

覃姑娘曾在朋友圈里发过一些狠话，悄悄地表达对X的强烈不满，甚至还转发了一些关于分寸和尊重的公众号文章。结果X居然还跑来点赞，并且评论道："别跟那些坏人一般见识，你还有我啊！"

有的人啊，你必须指着他的鼻子骂，他才知道是在骂他。

覃姑娘问我："该怎么对付这种人？"

我反问她："英语四六级考试准备得怎么样了？阅读计划、健身计划、考研计划进展如何？下个月就是某某某的生日，礼物选好了吗？你计划暑假带你妈妈旅行，钱攒够了吗？有那么多要紧的事情在等着你，你居然在为一个不要紧的人伤脑筋！"

你身边有这种非常讨厌却不能撕破脸皮的人吗？

你是不是非常在意他的举动，无论他做什么、说什么，你都觉得不爽？你们是不是表面上相安无事，但其实早就诅咒对方无数遍？你是不是被他气得吃不香、睡不好，是不是想处处与他为敌，逼他向自己求饶？你是不是盼着他失败、出糗、倒霉，盼着他不开心、不走运？

我们为一个人生气，主要原因是我们拿他没有办法。但我想提醒你的是，劳神费力地讨厌一个人其实是在变相地丑化自己。

往近了看，你把本应该用在进步和快乐上的时间浪费在生气和皱眉上，然后报复心理会扭曲你的灵魂，让你和坏人一样心理变态，面目可憎。

往远了看，比起余生要遇到的诸多难题和"奇葩"，眼前这个不可爱的小朋友真的不值得你浪费时间去伤脑筋，他还不够资格列入你人生的"七十二难"。

在有能力彻底摆脱他们之前，你既要学会微笑面对，还要学会果断拒绝。你要努力去适应所在的环境，不管是变化的季节，还是叵测的人心。

正所谓"人生如戏"，与日俱增的，除了年龄，还应该有演技。

不管是在清水中，还是在臭水沟里，只要有心往前游，你就有机会摆脱自己讨厌的环境。这个过程确实很恶心，但主动权一直在你手上。

所以，请继续保持克制，保持上进，守住你的原则，护好你的尊严，学好你的习，赚好你的钱，和那些玩得来的人一起玩。

做你觉得要紧的事，走你认为善良和正确的路，少理那些满身是嘴的怪物。

如果说，你总是把注意力放在那些不喜欢你的人身上，这对那些喜欢你的人来说，非常不公平。

- 3 -

和老周吃饭闲聊，他突然说："我最近特别羡慕我儿子，羡慕他的梦想可以三心二意，今天想做画家，明天想当科学家，后天想成为歌唱家。"

我随口问："那你的梦想呢？"

他把一块牛肉塞进嘴里，嚼了好半天才说："唉，以前挺想当个诗人，现在只想抓紧时间赚钱，给儿子多挣几套房。"

我理解他的身不由己，但从"唉"的叹气声中还是能听出几分不甘心。

曾在校庆晚会上抑扬顿挫地诵读"竹杖芒鞋轻胜马，谁怕？一蓑烟雨任平生"的那个浪漫少年变了，他已经好久没有体会"醉后不知天在水，满船清梦压星河"的美了，再也读不出"日暮酒醒人已远，满天风雨下西楼"的伤了。

坦白来说，我们没有能力抓紧时间，相反，是时间抓紧了我们。

它纵容我们在少不更事的时候无理取闹，允许我们在不明事理的时候横冲直撞，而它却在暗地里、在不动声色的日子里，悄悄地推着我们往前，它怂恿我们往更远、更陌生的地方奔赴，然后，它突然松手，让我们以措手不及的尴尬姿势脱离青春，惊恐地飞向成人世界。

长大之所以让人扫兴，是因为你突然发现自己的爱好、热情、梦想逐一"阵亡"了：你不再好奇山里有没有神仙、宇宙有没有外星人，不再好奇历史上存不存在龙或者凤之类的物种……

你理直气壮地认为："这些跟我有什么关系？考试又不考！"

你发自内心地觉得："知道这些东西有什么用？又不能当饭吃！"

曾经沉迷的一切都变成了可有可无的消遣，曾经深信不疑的道理现在已经很难说服自己。

你在不知不觉中变得缩手缩脚，不再对任何人掏心掏肺，不再对任何事情寄予厚望，并且开始计较付出和收获能不能成正比，开始希望在最短的时间内、花最小的力气得到最多的回报。

然后，你每天在闹钟响起之前就睁开眼睛，准时起床、吃饭、出门，按时上班打卡，做着重复的无聊工作，"镇压"着焦虑的情绪，然后结束匆忙且压力山大的一天，拖着疲惫的身子回家，最后熬到深夜再沉沉睡去。

上下班的路线闭着眼也能走完，家里的东西熄了灯也能迅速找到，就连节日里问候朋友的话都有了固定的套路。

你说这是成熟，但听起来更像是死了。

- 4 -

你真的讨厌长大吗？

不。你只是讨厌自己从意气风发到垂头丧气，从天赋异禀到陷落庸常，从热气腾腾到无聊至极。

又或者说，你只是讨厌曾经和自己一样灰突突的人，突然变成了一束光，而自己还是灰突突的。

你只看到了不公平,却看不到自己的成长。

你觉得不满足、不甘心,很大程度是因为发现了那些没有努力的人也活得不错,也能拿和你一样的工资,享受和你一样的待遇,而你努力了也不过如此。

你觉得所有的好处都是均分的,而所有的难题都是你"独享"的。

你不再相信真善美,却鼓吹权力和运气。

你不相信仅凭努力、热情和坚持就能得到欣赏,却夸大了关系和马屁的作用;你不相信靠努力、实力和创意就能取得突破,却鼓吹权力和运气的重要性。

你找到了几千种理由来为自己越来越平庸开脱。你变换着几十种语调去嘲讽那些孜孜不倦却暂时没有成功的人。

你一直在临渊羡鱼,但内心深处却阴暗地盼着打鱼的人们空手而归;你从不去做退而结网的事情,却热烈地盼着鱼儿们从天而降。

换句话说,你只是强调了长大的扫兴,却对长大的意义视而不见!

你总说长大夺走了你的亲人、朋友、恋人,却不说它让你明白了友情、亲情和爱情都是价值连城的稀有之物。

你总说长大拿走了你的热情和梦想,销毁了你的纯真和童心,但不说它打开了你的见识,让你知道人生还有无限可能,知道世界上还有很多难以想象的美好。

你总说长大给了你无数的责任和压力,却不说它在给你难堪和难关的同时,也在协助你变强,变聪明,变从容。

成长就是一遍一遍地怀疑自己以前深信不疑的东西,然后推翻上一个阶段的自己,长出新的智慧和性情,带着无数的迷惘与不确定,坚定地走向下一个阶段的自己。

你知道,问题会叠着问题而来,但更加确定的是,这个问题会搞死那个问题!

事实上,在成长的过程中,好事和坏事、好人和坏人你都会遇见,就像低俗与高雅、邪恶与善良、急性子与拖延症,都在你身上共存一样。

所以,偶尔看透但别失望,偶尔迷惘但不沉沦;承认长大的扫兴,也要努力活得尽兴。

所以,坚定地做你自己,同时允许别人看法不同;温柔地爱这个世界,但随时准备要与之抗争!

04 万事开头难,中间难,结尾也难

- 1 -

社交软件大致可以将年轻人分成四类:一是好想赚钱的,二是好想谈恋爱的,三是好想吃东西的,四是好想死的。

坐在我面前的灿灿属于第四类。

就在十分钟之前,她发了一条朋友圈:"上学的时候比分数,工作了比工资,现在连走几步路也要比……放过我吧,我只想做一个与世无争的垃圾。"

算起来,灿灿是我家的亲戚,是大姨的妹夫的外孙女那种拐了很多弯的关系。我记得她小时候特别不喜欢数学,一算加减乘除就

说肚子疼。她的妈妈就会安慰她:"等你考上大学就好了。"

可惜的是,她在历经磨难才考上的大学里迷失了。没有学会琴棋书画,倒是精通了烟酒脏话;没有变成"腹有诗书气自华"的人,浑身上下却散发着"我的命不怎么好,所以我随便活着就行"的气质。

毕业一年半,费了好大劲儿才被一家杂志社录用,她以为自己的苦日子到头了。不承想,杂志社除了加班,还是加班。今天比稿件质量,明天比选题创意,后天比艺术审美……其辛苦程度不亚于高考前夕。

可即便如此,她还免不了被矮她一大截儿的小姐姐当众训斥:"你到底会不会?不会就回家歇着!"

总的来说就是,本想来个咸鱼翻身,结果一不小心粘锅了!

她问我:"不是说万事开头难吗?我艰难地考上了大学,费劲儿地得到工作,可生活还是一团糟。活着可真难啊!"

说最后一个字的瞬间,她就像吹唢呐似的哭了起来,嘴巴、鼻子、眼睛和眉毛全都拧到一块儿,难看得像是一桩冤案。

我递过去纸巾,等她稍微平复之后才说:"没错,万事开头难,但是中间难,结尾也难。考上大学只是你下一段艰难求学历程的开头,找到工作也只是你谋生必然要走的第一步,距离你想要的那种惬意生活还有无数个曲折的中间和艰难的结尾。"

越长大就越容易发现，很多态度真诚的话都是骗人的。

比如父母对你说"等你长大了就好了"，班主任对你说"等高考结束了就好了"，前辈对你说"新工作适应几天就好了"……

结果你却发现，长大了什么都没有变好：高考结束了还有各种各样的人生大考以及各种莫名其妙的排行榜，新工作适应了几天马上就会出现别的考验。

单身的时候，朋友跟你说"等你遇见爱情就好了"；恋爱出现了小矛盾，闺密对你说"不行就分"；看到了喜欢的东西，小伙伴劝你"喜欢就买"。

结果你却发现：不只是遇到爱情很难，相处也很难，白头偕老更难。

那些稍有不满就轻易分手的人，最后往往都是单身至今；那些为了喜欢的东西而不顾后果的人，最后不得不用六位数的密码保护两位数的余额。

说到底，长大是一个不断打怪升级的过程。五岁打的是五岁的妖怪，十八岁打的是十八岁的妖怪，五十岁打的是五十岁的妖怪……

不管是哪个年纪，都会有对应这个年纪的麻烦；不管人生走到了哪一步，都有对应这一步的难关。只要你还活着，打怪升级的游戏就不会有通关的一天。

别想跳过当前的难关，也别以为过了这一关就万事如意，不会的。你只有打败了眼前这个年纪的妖怪，才能在眼前这个年纪好过一点儿,也才有可能攒够本事和经验去对付下一个年纪的妖怪。

十八岁的人可能觉得五岁的妖怪没什么了不起的,因为只记得那时候不用考试,没有压力;但别忘了,当你只有五岁时,算术、画画、早起、跟大人打招呼……哪一个不是大难题?

五十岁的人会觉得十八岁的妖怪不值一提,他们只记得那时候的生活满是激情、敢爱敢恨;但也别忘了,当你正处十八岁时,考试、交朋友、谈恋爱、长相、前途……哪一个不是大难关?

最尴尬的是,有的人十八岁了还打不过五岁大的妖怪,所以就算是年近三十,依然是"得不到就哭,输了就闹"的小孩子模样。

- 2 -

我的书桌上一直摆着一张合照,那是和老吴蹦极之后的合影留念。

合照背面有一句话,也是老吴写给我的:"任何好事都不会轻易发生。"

这是六年前的事了。那时的我下定决心要以写字为生。我熬了很多夜,写了很多稿子,也投了很多家出版社,可根本就没有人理。每次打开电脑看着几十万字静悄悄地躺在文档里,就像是每天开门都能看到几十个上门要债的债主。

我的一腔热血慢慢成了红色的沙冰。可当我把焦虑、苦闷、迷茫、愤慨一股脑儿地说给老吴听时，他一句宽心的话都没说，而是直接拽着我来蹦极。

记得当时排了很久的队才到了售票处。
老吴问售票人员："多少钱一次？"
对方回答："带绳的一百八十元，不带绳的免费。"
老吴趴在窗口上笑，说道："两张，带绳的。"

我根本就笑不出来。我对这种自虐的游戏一点儿不感兴趣（准确地说是我不敢跳）。在距离跳台二十米的地方，我的心跳声就变成了密集的鼓点；在距离跳台两米的地方，我整个人都凌乱了，当时心里的困惑是："我是谁？这是哪儿？来这里干什么？"

等到工作人员给我穿戴安全绳的那一刻，我的身体和大脑都已经接近失灵的状态，大脑只能发出"拜托你们认真点儿，把我当条人命看！"的求生信号。

结果是，在我毫无准备的情况下，一个"丧心病狂"的工作人员把我推了下去。

我根本来不及恨他，只觉得我的脑袋快要炸了，心脏快要停了。我竭力绷紧身体，可根本就对抗不了地心引力；我努力地张大嘴巴，可根本就喊不出来。除了忍受耳边呼哧呼哧的风声，我唯一能做的就是装出慷慨赴义的神情。

看着我失魂落魄地着地之后，老吴一脸满足地搀着我去拍了合照。然后说了一句我这辈子都不会忘的话，我甚至还记得他当时的语速很慢，感觉听完这句话的时间够我烧开一壶水。

他说："生活就像是蹦极。从做出决定，到纵身一跃，再到自由落体，每一步都很难，都需要极大的勇气和耐心，但自始至终你都很确定，死不了的。"

老吴是吃过苦的人。在他很小的时候，父亲就因为斗殴进了监狱，母亲因为家里贫穷而离家出走，摆在他面前的是一个糟糕透顶的烂摊子：家里有卧病在床的奶奶和嗷嗷待哺的弟弟。

那时的他怕黑，怕冷，更怕饿。可除了怕，他不得不去做点儿什么，因为天冷总要取暖，肚子饿了总得吃饭。他白天去捡塑料瓶，晚上去饭馆里刷碗，稍大一点儿去做洗车工、搬家工人……最难的时候，他打三份工，一天只能睡两三个小时……难熬得像是踩着刹车去跟人赛车。

在很长一段时间里，老吴都悲观地认为：人生就是由一连串的灾难组成的。

在不幸的生活中待得越久的人，就越能理解一个无奈的道理：仅仅只是坏事结束，就足以让人觉得幸福。

他熬过来了。

他说："当我意识到，熬过这一关还有更难熬的，就不觉得这一关难熬了，而且，当我发现不论多糟糕的事情都弄不死我的时候,就彻底释然了。很多事情都是自己吓唬自己,站在一边看,躺在床上想,怎么都觉得难,等到真正去做了,发现也就那么回事。"

如今的老吴有了自己的工作室。他读了很多书,并且擅长弹钢琴。他可以一边跟你讨论人工智能的走向,一边弹奏肖邦的夜曲。外人根本就不可能看得出来,那些任何一件就可以压垮一个人的事情在他身上全都发生过。

他接着说:"个人经验是,一定不能把时间浪费在焦虑上。要想向这个世界讨点儿公道,焦虑是最没用的,因为它会吞噬你大把的时间,让你觉得有事在忙,实际上却什么都没做。你要继续写、继续改、继续投稿,直到甘心放弃为止。因为任何好事都不会轻易发生!"

是啊,反正又死不了,反正又避免不了,反正又没有更好的选择。

无论我们愿不愿意,麻烦都不可避免;无论我们欢不欢迎,未来一定会来。但只要活着,那么一切都是"未完待续"。

反正啊,所有正在让你崩溃的时刻,所有让你惶惶不安的事情,所有你觉得跨不过去的坎儿,都得靠你自己熬过去。

反正啊,在束手无策的现在和得偿所愿的明天之间,在铺天盖地的焦虑和一切都尘埃落定之前,你还有大把时间。

世界到处都是透明的南墙,撞就撞吧,大不了两败俱伤!

- 3 -

网上有个新名词叫"第二次成年",大致是指那些被生活逼出内伤的年轻人。

他们已经没有了童年的天真和纯粹的快乐,初尝了人情的冷暖;他们的枕头里有发霉的梦想,梦里有无法拥有的恋人;他们终日混迹于社交网络,但可以说上几句话的人却寥寥无几。

他们担心自己被同龄人抛在身后,同时又怀疑自己是不是根本就没有成功的命;他们没有经历过什么大灾大难,却早早地丢失了本就不多的少年意气。

对于"第二次成年"的你而言,现实残酷得像是一场屠杀。

它会将你对这个世界的美好想象、诸多期待、无限的好奇、善意、热情和真心,逐一"处决"。

然后,你会慢慢发现,喜欢的作家去世了,最亲近的人变老了,被热捧的球星退役了,看过的动画片停止更新了,喜爱的明星不再表演了……

你还会发现,楼上的熊孩子不会因为你熬了三个大夜就停止摔东西,邻座的情侣不会因为你很沮丧就停止开怀大笑,同寝室的某某不会因为你想早睡而安静下来……

概括起来说就是,每逢你觉得自己的人生已经跌入谷底的时候,就会有人及时地送来一把铁锹!

然而，你又不得不承认：现实虽不美好，但并不意味着"不好"。你在时光的河里浮沉，在人海里晃荡，总还是能够打捞到一些足以照亮生活的美好瞬间。

比如，你因为那个去世的作家的某句话而开启了全新的人生，你因为亲人的变老而越发强大，你因为那个退役的球星知道了什么叫忠诚，你因为那部终结的动画片知道了为什么要善良，你因为那个不再表演的明星知道了什么是教养……

又比如，你寒窗苦读十多年终于拿到了某所大学的录取通知书；你鏖战数日攻下了一道工作上的难关；你独自生活了很多年终于遇见了一个知心爱人……

你比谁都清楚，刷题并不轻松，熬夜一点儿都不酷，孤单也不值得羡慕。但你又比谁都明白，这些虽不美好，但是值得；结局虽然照旧是"很少能赢"，但有时也会。

所以，不要止步于说"万事开头难"，而是要明白"中间难，结尾也难"。

有了这样的认识，你就不会被接踵而来的新问题打乱阵脚，而是在对这个世界翻完白眼之后，可以俏皮地吐吐舌头！

也不要用"好事多磨"来安慰自己，而是要清醒地明白，不好的事情照样多磨。

有了这样的理解，你就不会寄希望于"锦鲤"，不会把烂摊子都交给时间，更不会靠哭闹和抱怨来解决问题，而是敢抓住自己的头发，把自己从泥坑里拽出来！

生活的真相就是，除了容易长胖，其他的都挺难！

- 4 -

美国有个大法官在他儿子的毕业典礼上发表了一篇题为《我希望你不幸且痛苦》的演讲。

他说："在未来很多年中，我希望你被不公正地对待，因而你会知道公正的价值；我希望你时不时地感到孤独，因而你不会把朋友当作理所当然。

"当你失败时，我希望你的对手会幸灾乐祸，这让你意识到有风度的竞争精神的重要性；我希望你被忽视，因而你会意识到倾听他人的重要性；我希望你遭受刚刚好的痛苦，能让你学会同理心。"

一个人承受过剧烈的爱恨和悲喜，就会对生活有更清醒的认识，就会对未来有更周全的准备，就会对眼前的困难和将来的计划有更多的耐心，而不是仅凭一腔热血和满脑子的美好想象去勇闯天涯，然后被硬邦邦的现实撞得人仰马翻。

不能忍受命中注定要忍受的事情，就是软弱；不去做好"总会出现困难"的准备，就是愚蠢。

换言之，当你经历过很糟的时刻，就不会轻易跪倒在困难面前；当你见识过更好的生活，就不会轻易选择差劲的人生。

不要觉得人生的下一站一定会更好。上学的时候憧憬工作、工作之后又怀念上学的人不在少数。因为他们慢慢就会发现，进入社会之后，会遇到比学校里的某某"奇葩"十倍的人，会见识到比寝室里的某某不讲理二十倍的人，会忍受比被同学误会难过三十倍的委屈，会背上比考试不及格重一百倍的压力。

所谓的"诗与远方"，其实是把眼前的苟且都熬过去之后才有可能拥有的。

人生是一道接着一道的选择题，而且是"怎么选都必然会遇到困难，怎么活都注定会后悔"的选择。所以在我看来，即使世界上真的有后悔药，那些喝下后悔药的人将来也会后悔喝药的。

但是，那些在结果出现之前能够拼尽全力的人会后悔得少一些，那些在尘埃落定之前奋力一搏过的人会遗憾得轻一点儿。

愿你偶尔不幸，也愿你终能尽兴，而不总是侥幸；愿你有脾气，也愿你有力气，而不尽是戾气。

愿你付出甘之如饴，愿你所得归于欢喜。

05 既对世俗投以白眼，又能与之"同流合污"

- 1 -

去老丁家里做客，刚放下果篮，他就招呼我去帮忙，说厨房的水池里养着两条鱼，让我去比一下哪条鱼长得更帅。

我一脸诧异地问："然后呢？"

他停下了正在切菜的手，然后用刀挡住一只眼睛，怪笑着说："嘿嘿，长得帅的就是今天的下酒菜！"

提起老丁，我的脑子里第一个蹦出来的形容词是"俗不可耐"。

作为一个教古代汉语的大学教授，他最喜欢聊的居然是催婚、催生、催买房子。他生平最大的愿望是开个店，左边"保媒拉纤"，右边房产中介。为此他说过一句"名言":"但凡劝人不上学去打工的,或者劝人不结婚、不买房、不生娃就在一起过日子的,都有问题,不管是以'为你好'或者'我爱你'的名义,还是以文艺或者自由的名义。"

除了话题俗,他的喜好也俗。他喜欢看低俗的言情小说,不喜欢木心的诗,也没看过三毛的故事。他最喜欢听东北二人转和老调梆子,对一群人端坐着听的那种音乐演奏会根本提不起兴趣,也不会关心波伏瓦瞧不瞧得起男人。

他的衣着打扮也很俗,一旦收起了笑,就像是烦人的教务处主任;一不小心笑歪了嘴,就是地主家的傻儿子。

最叫人难忘的是去年献血。他跟护士说抽两百毫升,结果抽到九十毫升的时候,他觉得不舒服,哭着喊着说:"哎呀,我怕是不行了!我怕是要死了!"然后求着护士,"快啊,快给我打回去!"

可尽管如此,所有熟悉老丁的人又会觉得:他俗得让人服气!

他能把枯燥的古代汉语课讲出麻将馆的味道,所以他的公开课常常被学生们围得水泄不通。

他能从低俗的言情小说中总结出人性的种种,然后还写进论文里发表,并且获奖了。

他拜了专业的老调梆子演员做老师,然后在民俗比赛中的表现不亚于专业选手。

他不怕吵闹,逢年过节去看二人转节目,一看就是一整天;他也不怕独处，跟自己的鞋子也能聊一个下午。

那天吃饭的时候，我问他："作为一名大学教授，你这么俗气就不怕被学生们笑话吗？"

他用力地吸着螺蛳说："他们怎么看我是他们的事，又不是我的事。再说了，不被人笑话就脱俗了？"说完换了一颗螺蛳接着吸，然后冷不丁地补了一句，"来来来，告诉我，都有谁笑话我了？我保证不打死他。"

真正高级的个性是，既能和这个世界抱作一团，也能自己一个人玩。

这样的人能够坦然地活在这个闹哄哄的世界里，不装腔作势，不装神弄鬼；在自己的专业领域内优秀而且迷人，在其他方面可爱得像个小朋友，理智成熟，但童心未泯。

如果他的心里真的住着一个俗人，他敢把他放出来，让自己和周围的人都能看见。

那么你呢？

年纪轻轻就觉得"众人皆醉，唯我独醒"，对世界的看法比那些人生已经失败了的老年人还要沧桑，比那些未经世事的小孩子还要幼稚，就好像自己降落到了错误的星球。

你在一片热闹的环境中装得极其冷静和高傲，然后在一片静寂中想方设法地做一些出格的事情来显示自己的与众不同。

你不屑于金钱和名利，把赚钱当作肮脏的事情，反倒认为穷值得骄傲，结果是你在物质世界里活得极其窘迫。

你不屑于交际和攀谈，认为人情世故都是假的，认为跟人交流就是表演，结果是你在能说会道的人面前输得体无完肤。

于是，你在白天时正襟危坐，在晚上感叹"人间不值得"。

可问题是，你从未被朋友背叛，却认定了友情是"虚头巴脑的东西"；你从未感受过社交的乐趣，就断定了社交"不过是一群人假兮兮、闹哄哄"；你从未吃过辛苦赚钱的苦头，却对金钱满是鄙夷；你从未全情投入地爱过，就认定了爱情不过是一场表演。

小说《杀破狼》中有一段非常精彩的话："没经手照料过重病垂死之人，还以为自己身上蹭破的油皮是重伤；没灌一口黄沙砾砾，总觉得金戈铁马只是个威风凛凛的影子；没有吃糠咽菜过，'民生多艰'不也是无病呻吟吗？"

我不是劝你庸俗，而是劝你不要因为抗拒庸俗而背上伪装的沉重包袱。因为高雅有高雅的成本，庸俗有庸俗的收益。

我只是替你担心，怕你抗拒庸俗的行为实际上是在逃避真实的生活，怕你因为伪装的时间太长而变成了一个不快乐的自己，或者一个高仿的别人。

生而为人，要么就努力到能力出众，要么就懒到乐天知命。最怕是见识打开了，可努力又跟不上；骨子里清高至极，性格上又软弱无比。

结果是，比真本事的时候顶不上去，该断舍离的时候又放不下，应该使巧劲儿的时候偏要一根筋，本该用笨功夫的时候却在游戏人间。

哦，对了。

真正无忧无虑的人只有两种：一种是得了失心疯，一种是大彻大悟。从这个角度来说，真是辛苦了没有傻透也没活明白的俗人。

- 2 -

突然想起了木子小姐，以及她那句可爱的自嘲："在'好看的穷人'和'长得丑的有钱人'这两个投胎选项中，我成功地选择了'长得丑的穷人'这个选项。"

刚去上海念书的时候，木子小姐就像是一只不会狩猎的食草动物被送到了荒野里。她的普通话非常不标准，外在形象也近乎糟糕。

那时的她非常"小气"，寝室聚餐，她一次都没参加过，除了怕浪费钱，还因为表达能力、穿着打扮上的差距太过明显。而且她非常清高，容不得一点点的瞧不起，也吃不了一点儿亏。

如果有人半小时才回她的消息，就算她第一时间看到了，也会等半小时才回复。

她每天都是争分夺秒地学习、风风火火地做兼职，看起来比校长还忙。

每年都拿全额奖学金，每天都在忙着赚钱，她的脑子里始终都有一根绷得紧紧的弦。这根弦让她不敢休息，不敢恋爱，不敢跟人套近乎。

这根弦始终在提醒着她：那个父母是达官显贵的，将来会去做公务员；那个家境富裕的，毕业了就能直接去知名证券公司工作；就连那个没能考上大学的，也早早地在老家买了两套房……而自己只是一个边陲小镇上的、又丑又穷的小姑娘。

她人生的转折点发生在大二那年的暑假，因为要留在上海做兼职，就和一个陌生女孩合租了一套房子。结果发现，那女孩比自己还要孤僻，从不接受木子小姐分享的任何食物，也不接受任何逛街、看电影、吃饭的邀约，每天回来就把自己锁在房间里。

某天夜里，她被女孩连续的咳嗽声吵醒了，就拿出止咳糖浆去敲门，结果那个女孩眉头紧锁地回复了一句"不用了"，就把房门关上了。

"那一刻的感觉很奇妙，"木子小姐回忆说，"曾经觉得这种拒绝非常正常，但在这一刻意识到有多么不对劲儿。就像是一只跃出了鱼缸的鱼，突然看见自己被关在里面。"

她想到了自己拒绝室友时拧巴的表情，想起了自己排斥聚会所用的不当措辞，想到了自己把那个说话声音最大的室友归类为"故意针对自己"的小人心理……

她突然意识到,自己一直奉行的原则,其实只是在恶意地揣测别人;自己一直引以为傲的独立,其实只是拒绝改变、拒绝感动。

所以,本来想和生活相敬如宾,结果变成了相敬如"冰"。

后来的木子小姐变了。

她依旧很贪,依然忙着赚钱,忙着变厉害,但收起了冷若冰霜的性格和咄咄逼人的气势,表现得越发从容,俗得不剩一点儿仙气。

再回想起大学时的焦躁和窘迫,她笑着说:"那时的我以为'酷'就是'不怕得罪人',以为'做自己'就是'什么亏都不能吃'。现在完全不会了,就算对方讲了我反对的观点,我也会做出极力认同的表情来;就算客人讲了再烂的笑话,我都能笑出眼泪来;就算老板布置了无比麻烦的事情给我,我也能忍住脾气做完……我可以不为五斗米折腰,但绝对不可以不为房贷、车贷以及购物清单折腰。"

成熟的表现之一就是,收起了横冲直撞的脾气,让自己的底线和原则富有弹性,并与生活的条条框框和平共处。

当然了,我不是劝你圆滑世故,而是想提醒你,活在人群里,即使处处受限,时时不自由,也确实有它的迫不得已之处。

比如"合群"。你不用刻意追求合群,但也不必刻意远离人群。尤其是当你不知道怎么走的时候,最好的选择可能就是先跟着大多数人一起走。

比如"金钱"。金钱有它肮脏的一面，但金钱也确实有不言而喻的重要性。就像毛姆在《人性的枷锁》中所说："艺术家要求的并不是财富本身，而是足以给他提供保障的钱财，那样他就可以维持个人尊严，工作不受阻碍，做个慷慨、直率、独立自主的人。"

我知道，你仙气十足，但还是希望你能尝一尝人间烟火。毕竟啊，仙气不能解馋，也不管饱。

社会规则不是洪水猛兽，人际交往也不是天灾人祸，它们不是为了折磨和惩罚你而来的，而是能教会你克制、清醒、温柔、善良和爱。

所以，不要把自己归类为纤尘不染的宝玉，也不要纵容自己变成扶不上墙的烂泥，而是假设自己是一颗有灵魂的种子。

也不要让自己变成一头疏避人群的野兽，然后用偏激和愤怒来饲育自己的懦弱，而是原谅自己本就是俗人一个。

功利世界的残酷性就体现在这里：给了一些人与实力不相配的骄傲，让他们认为团队精神是弱智，认为穷困潦倒是品行高洁，认为别人的帮助是侮辱，认为特立独行是原则。

但是，人总得成长，当你被人温柔地对待过，被深深地伤害过，见识了人生的诸多幸事，亲历了万般无奈，你的偏执和锋利就应该收敛一些，并且试着消化和接受。

你就该明白：自己不是来拯救地球的，而是来适应世界的。

长得不好看的水果,请努力让自己变得甜一点儿吧!

- 3 -

听过这样一个故事。

一位中国学者去德国留学,租的房的下水道堵了,他就请了一个德国工人。工人钻入下水道疏通的过程中,学者就在一旁看书。

突然,下水道里的工人问他:"先生,不好意思打搅一下,我有个问题想请教您。我们德国有一半的哲学家认为孔子最伟大,另一半则认为庄子最伟大。您能告诉我,他们俩的区别吗?"

学者一下子蒙了,他说:"这不是我的专业……呃,你是一位下水道疏通工人,怎么会问这么高深的哲学问题?"

工人笑着说:"当我在黑暗而又肮脏的下水道里工作时,会回味黑格尔的哲学,这时候,连污水都会变得美好起来。"

工作可能会低入尘埃,但灵魂可以漫步云端。人俗气的地方不在出身,不在职业,而在心态和观念。

如果你的工作很沉闷、琐碎、无聊、辛苦,但能为你带来较高的收入,那就应该珍惜,因为它能撑起你的生活,让你有机会去做那些你想做的事情。

试想一下,如果每个人都选择了所谓有趣的、体面的工作,那么世上就不会出现建筑工人、环卫工人,也不会出现牙医、会计和火葬场的工作人员。

但是，在沉闷的工作之余，每个人都可以去做那些自己喜欢的事。比如，建筑工人可以在空闲时捏他的泥人，牙医可以成为出色的诗人，而下水道疏通工人可以成为优秀的哲学家。

经常听到有人说："所谓生活，就是和喜欢的一切在一起。"我想说的是，这绝对不是生活，更像是理想。

现实的生活是，在力所能及的范围之内去追求喜欢的一切，同时还需要耐心忍受讨厌的种种。

比如，你无力拯救濒临灭绝的生物，但可以拒绝购买珍贵动物制品；你无法帮助每一个失学儿童走进教室，但可以努力让自己天天向上；你无法判断乞讨者是不是骗子，无力甄别摔倒的老人会不会讹你，但可以选择找人帮忙或者用录像证明。

你无法决定谁能留在身边，但如果遇到了聊得来的伙伴，能真心实意地和他同行；如果慢慢发现是合不来的人，也能坦荡地说一句"慢走不送"。

毕竟，你的能力有限，真心也有限；毕竟，你只是一个俗人，不用为难自己。

令人厌恶的俗，是根本不知道自己想要什么。既欣赏不了生活的美，也忍受不了世界的丑。一边羡慕热闹，一边蔑视社交；一边羡慕自由，一边蔑视规则。

是见风使舵，是见利忘义。面对强势时退一步，变得阿谀奉承；面对弱势时进一步，变得刁钻刻薄。

是从来不去面对真正的自己。渴望世俗成功，但又担心自己做不到，所以说"算了"；想说服自己接受平凡，但实在不甘心做给别人鼓掌的人，所以说"没什么了不起"。

叫人喜欢的俗，是心里心外都没有恶意，是生活中热热闹闹，良心上清清白白。

是虽也游戏人间，但不沉迷；虽也雄心万丈，但不投机；虽也欲望缠身，但不放纵。

希望你在最终变成一个正襟危坐的不可爱大人之前，多拥有一些让自己开心得一塌糊涂的庸俗回忆；也希望你在变成一个逆来顺受的群众演员时，还能坦然地与这个世界格格不入。

Part II

是的，
相爱就是两个人
互相治疗"精神病"

爱情注定会有麻烦，但爱会让你愿意忍受麻烦；爱情会制造很多麻烦，但爱也会解决很多麻烦。

我们这一生，无非是被无数人忽略，被某个人深爱，然后与之携手同行，一路收集那些惺惺相惜、相视一笑、心头一热、相爱相杀的美好片刻，最终兑换出一个名为"有你真好"的幸福人生。

06 相爱就是两个人互相治疗"精神病"

- 1 -

凌晨三点半,我被手机振动的声音吵醒了。迷迷糊糊的我像是一条梦游中不幸被钩住的鱼。

我极不情愿地把自己从温暖的被窝里搬了出去,就像上钩的鱼被拉出水面。

此时,电话里有人在咆哮:"老杨啊,哈哈,我明天要结婚了,激动得睡不着,给你打个电话,告诉你我睡不着!"

我咬牙切齿地吼了回去:"你的良心不会痛吗?"

这个三更半夜扰人清梦的家伙叫李木头,是从小和我一起穿开裆裤长大的小伙伴。我特别理解他当晚的激动和不正常,因为在爱情的小河里,他一直都是只旱鸭子。

直到去年的梅雨时节,李木头才遇见了娟子。

和大多数初恋一样,在爱情的战场上,他们经常是"烽火连三月"。

有一次,他们俩下楼散步,在电梯里看到一个男生牵着两只很肥的八哥犬。这两只狗见到陌生人,大概是想叫,但又不敢太大声,所以发出了很奇怪的"咕噜咕噜"的声音。出了电梯,娟子非常认真地问李木头:"刚才那个人牵的是两头猪吗?"

李木头笑得直不起腰来,结果娟子气得转身就回家了。这一路上,她收到了上百条道歉短信,同时拒接了五十多个电话。

直到下半夜了,李木头还在给她发道歉信息,每一条都加了一个符号——向左旋转九十度的大写"M"。

不知道是好奇,还是气消了一些,娟子就问他是什么意思,结果他说:"这个符号在数学里的意思是'求和'。"

当然了,李木头也有被气得够呛的时候。

比如,娟子送给李木头两条不同花色的领带,第二天见面时,李木头就高高兴兴地系上了一条。结果娟子质问他:"你为什么系这条?你什么意思啊?你是不是不喜欢另一条?"

又比如,两个人一起吃饭,娟子边吃边捧着 iPad 看宫斗剧。李木头问她:"今天的排骨焖得不错,焖了多久?"结果过了十几秒钟,娟子才缓过神来:"啊?不是八王子弄死的,就是三王子!"

在订婚现场，娟子一脸坏笑地对李木头说："我很清楚，我不漂亮，不高雅，长得颗粒无收，笑得五谷丰登，我小肚鸡肠，而且脾气暴躁；但是你也要搞清楚，老天把你安排到了我的身边，那么一定是你做了什么缺德的事情。"

众人哄笑，话筒递到了李木头的嘴边，他忍住笑，一脸坦然地说："嗯，既然在劫难逃，那就索性不逃了。"

我曾问过李木头："既然你觉得她的脾气那么臭，为什么还要那么宠她？"

他说："因为刺猬比兔子更渴望拥抱。"

我也曾问过娟子："既然你认为他邋遢、嘴欠、话痨，为什么还会那么依赖他？"

她说："因为当我犟得像头驴的时候，只有他愿意把我当作一只独角兽。"

一开始，两个人都觉得对方可爱到冒泡，爱就此入了骨；但相处下来，两个人又觉得对方固执得要死，所以恨也入了髓。结果是，今天爱得死去活来，明天恨得鸡飞狗跳。

你受不了他的不成熟，但会因为喜欢他的天真而坚持爱下去；他受不了你的无趣，但会被你认真做一件事情的样子迷住。

你对他的不浪漫感到失望，但对他的责任心十二分满意；他对你的暴脾气非常不满，但又对你的傻乎乎满心喜欢……

原来，爱情这道选择题是没有正确答案的。谁都无法幸运地选中某款满分的恋人，而是越来越清楚，自己愿意吃哪一种苦头。

有人会被教养打动，比如那个人会让你走在马路的内侧，会对你举止温柔，会帮你开门、挪椅子，会制造浪漫……还有人会被条件打动，比如他的家庭条件优渥，他的职业有前途，他的相貌和身材很好……

但最叫人羡慕的，是被理解打动。他知道你说"嗯"其实是不那么认同，知道你说"哦"其实是不高兴了；他知道别人对你的褒奖中有多少赞扬是"超标"了，也知道别人对你的诋毁里有多少是"注水"了。

他知道，在你正常的灵魂里躲着一个病人，在你睿智的脑子里存在着一个白痴，在你坚强的性格里藏着脆弱的神经，在你日渐成熟的皮囊里始终住着一个小孩子。

所以，他比任何人都要包容和在乎你，也比任何人都清楚你的独特与珍贵。所以他不会在你感性的时候讲大道理，不会在你气得冒烟的时候跟你针尖对麦芒。

理想的恋爱关系是"你有故事，我有酒"，但更接近现实的关系是"你有垃圾，我的桶可以借你用一下"。

王尔德曾说过，生活就是一件蠢事接着另一件蠢事，而爱情就是两个蠢东西追来追去。

愿你也能遇到这样的"蠢东西",因此而觉得:情书纸短情长,人生苦短甜长。

- 2 -

你见过花钱 AA 制,而且借钱要算利息的情侣吗?你见过平时几乎不聊微信,取消约会需要写"请假条"的情侣吗?

我见过一对。男生和女生都是做软件开发的,每次约会,两个人都要提前发邮件预约并确定,因故单方面取消约会,要尽快补上。

他们也会发生争吵,但每次吵完之后都会仔细地写进文档里,标注好时间、地点、缘由,以及最后互相致歉的亲笔签名。

他们甚至开发了一款软件,专门用于收集相处过程中发生的小事和一些容易被忽略的细节。

比如,女生的记录有:"三月五日,第一次见我的妈妈,向来是牛仔裤加衬衫的你居然破天荒地穿了一身笔挺的西装,让我觉得你很重视这次见面";"五月八日,我们偶遇了一个小孩子,你扮鬼脸逗她笑的时候,我也笑了"……

而男生的记录有:"九月二十四日,我感冒发烧了,结果你半夜给我送药,被我吼了两句,你噘着嘴说,'我偏要送,我有病好吧'";"十一月十日,一起吃饭,点了蒸鱼和大虾,你盯着鱼看了好半天,突然问我这条鱼是公的还是母的"……

那些近乎冷酷的规则就像是交往过程中的执法者,会让他们的感情和生活泾渭分明;而那些好玩的小事就像感情里的绿灯,会让人瞬间对这段关系充满信心。

那么你呢?

一遇到爱情就像刚刚出门的猫咪,见到爱情这只老鼠就恨不得吞进肚子里珍藏一辈子,弄丢了就哭得撕心裂肺,藏好了又患得患失。

然后不自觉地变得无理取闹、自私,而这时,孤独、想念、占有欲会把你变成一个容易失控的神经病。

你在生气的时候说决绝的狠话,然后劈头盖脸地指责他,以期得到一个满意的答案。可问题是,不可一世的样子和咄咄逼人的气势并不能让对方多爱你一点儿。

毕竟啊,生活不是偶像剧,摆出一副很臭屁的样子,任谁都可爱不起来!

不要整天说"你爱我,就得为我这样或者那样"。

事实上,和你谈恋爱的是一个跟你没有任何血缘关系的人,他和你一样,是一个家庭的宝贝,是某个家族的希望。他不是你的再生父母,更不是你的用人。

他既有让你心动的优点,也有让你抓狂的缺点。他既愿意为你改变,也有他自己的坚守。

你要做的是尊重，而不是约束，是用心地记着对方的可爱之处，以此来原谅对方的不可爱。

给女生的三个忠告是：

一、选一种有分寸感的交往方式。他喜欢你，你要做的是尊重他，给他空间，而不是借着被他喜欢，就越界操控他。

二、选一个精神上和你门当户对的恋人。不要跟你俯视的人谈恋爱，一旦发生了摩擦，你就会摆出理直气壮的姿态，因为你会觉得，"他有什么资格对我挑三拣四"。也不要跟你仰视的人谈恋爱，一旦有了不如意，你就会轻易地把自己摆在受害者的位置，因为你认定了"就是因为你瞧不起我，所以才会这样对我"。

三、不要整天追着对方问"你是不是真的爱我"这种问题了，当你把注意力、时间、金钱更多地用在让自己变好上，"你是不是真的爱我"这种问题就轮到对方来操心了。

给男生的三个忠告是：

一、女生问的问题，百分之七十五都是已经有答案了，只不过想听到从你嘴里说出来。所以，想好了再说。

二、只要她还愿意跟你对话，无论她说的话有多狠，都是在等你去哄她。

三、如果你下定决心要和一个女生在一起，就把身边那些不清不楚的人和事都处理干净，别让女生吃醋，也别想瞒着她，因为她不仅聪明，而且懒得跟人争，还懒得告诉你。

- 3 -

看过一个很好玩的小故事,名字叫《一个模范丈夫的自述》:

"昨天和她下象棋,五步之后,我便胜局在望。结果她把脸拉长了,硬说马可以走'田',因为是千里马,我忍了;又说兵可以倒退走,因为是特种兵,我也忍了;更过分的是,她的车居然可以拐弯,她还振振有词地说'哪有车不能拐弯的'……这些我全部忍了,继续艰难地锁定胜局……但最后,她竟然用我的士干掉了我的将,说这是潜伏了多年的间谍。她最终是赢了……于是,她愉快地去拖地、洗衣服、做饭。"

其实,爱情里没有输赢,只有"共赢",或者"共输"。

年轻的时候,泛滥的情绪经常会挑拨恋人之间的关系,让你变得好斗、善战,让你错误地以为,只有逼着对方服软了才能证明他是真心的,只有寸土不让才能证明自己是有尊严的。

然后,你们在放完狠话之后日渐沉默,在冷战之后越发疏远。最终只能摆出一副"和爱情同归于尽"的样子,看着这份感情慢慢走到"收不了场"的地步。

威廉·詹姆斯曾说过:"两个人在茫茫人海中相遇,其实是有六个人在场。即,各自眼中的自己,各自眼中的对方,以及各自真实的自我。"

这也注定了相爱容易,相处很难。

所以，很多情侣关系的走势是这样的：一开始的时候如胶似漆，恨不得分分秒秒都黏在一起；慢慢地，觉得对方身上的光环逐渐暗淡了；再慢慢地，生活中越来越频繁地出现"你要这么想，我也没办法"和"都是因为你，我才这么做"式的抱怨，以及"你想多了"和"我没有说过"这样的辩论。

随之而来的是不断升级的"战争"：女生因为男生的某些言行而生气；男生解释了几句，但心里不服气，觉得这种小事没必要大惊小怪。女生不断地强调，惹她生气的不是事情本身，而是男生的态度；男生开始不耐烦，觉得女生是在小题大做，是在无事生非。女生认为男生变了，变得不爱自己了；最后谁也没有说服谁，只是等着对方服软。

吵架谁不会呢？发脾气谁不会呢？难得的是，在吵架的最高潮，有人勇敢地结束了这场战役，阻止了伤害的扩大。那句能让你瞬间崩溃的话到了嗓子眼的时候被他咽下去了，局面被他控制住了。

几乎所有健康又长久的亲密关系都是这样经营来的：

"我愿意给你伤害我的权利，但坚信你不会这么做。即便你做了，我也相信不会再有第二次。"

"我知道你身上有哪些臭毛病，也知道自己没好到哪里去，所以我愿意改一些，你也会改一些。"

"我们逐渐意识到：原则和底线不再那么死板，妥协和退让也不意味着软弱；我们或多或少地失去了一部分自我，但都甘愿认为是爱的代价。"

  愿你在这个必须拼得你死我活的世界里拥有一份不怕变质的爱情，也愿你有幸在某人平淡无奇的生命里做一个闪闪发光的"神经病"。

07 谢谢你，那么忙，还亲自来伤害我

- 1 -

我和卢小姐并不熟，要不是她在我面前哭得像个傻子，我才不会多嘴去问她发生了什么。

她支支吾吾好半天才说出五个字："我被人耍了。"

"耍"她的人是她妈妈的闺密的儿子，他们俩很早就认识，但很少联系。

前阵子，男生对她的关心突然就多了起来，每天都会准时地对她说"早安"和"晚安"，聊天时类似"笨蛋""傻瓜"之类的暧昧称谓也越来越多，类似于"有我在啊""二十四小时为你在线"之类的承诺也越来越窝心。

就在昨天，男生约她看电影。到了电影院，男生笑着迎了过来，主动帮忙拎包，买热饮和零食，在上楼梯的时候还挽了她的胳膊，在电影开场之前还帮她擦拭了3D眼镜，在送她回家的时候还帮她开了车门。

对于一个单身了二十多年、凡事都亲力亲为的女生来说，突然被一个绅士而且帅气的男生温柔相待了三个半小时，这感觉超级好。

然而，就在今天早上，卢小姐的妈妈质问她："你怎么能骗人呢？你不是说昨晚和他一起看电影的吗？为什么他妈妈告诉我，他是自己去看电影的？"

一头雾水的卢小姐把眼睛瞪得圆圆的，她翻看了两位妈妈的聊天记录，里面有一张截图是男生的朋友圈，上面赫然写着："一个人看电影，生活真是无聊！"配图则是昨天一起看的那场电影的票根。

卢小姐问男生："你为什么要屏蔽我，然后发那条朋友圈？"

他过了好半天才回复，依然是很绅士的语调："哦，我很抱歉。我不知道你能看到那条朋友圈。我觉得我们不太合适，但又担心两个妈妈会难堪，也怕你难堪。"

卢小姐听完更生气了，她回复道："首先，如果不是你每天准时跟我说早安晚安，不是你频繁地约我吃饭看电影，我不会误解你的意思！其次，你能拿出那么多宝贵的时间浪费在一个你认为不合适的人身上，真是难为你了！"说完就把男生拉黑了。

任何一段关系，比起半推半就的暧昧，快刀斩乱麻的决绝明显要仁慈得多；比起欲拒还休的假热情，干脆利落地拒绝显然要高尚得多！

你遇到过主动找你暧昧的人吗？

白天的时候互不搭理，谁都不知道你们的关系，可一到晚上他就对你掏心掏肺，跟你有聊不完的话题，有数不尽的共鸣。

你抗拒不了，也捉摸不透，不知道他的用意是什么，但你很享受。

他就像定时投送的快乐，在每个夜深人静的晚上装点你那乏味的生活。

他说"一起吃饭吧""一起看电影吧""一起玩游戏吧"的时候，你开心得想到了和他的婚礼现场。

他说"你今天的外套真好看""你傻乎乎的样子真可爱""你犯二的时候真招人喜欢"的时候，你心里的小鹿都撞出脑震荡了。

他明明可以直接告诉你"不喜欢"，明明早就有了"没什么感觉""不合适"的定论，却偏要装出一副"和你在一起好开心"的样子来，给你一种"很喜欢"的错觉。

可当你卸下防备，鼓足勇气准备和他谈一场轰轰烈烈的恋爱时，却发现他一脸无辜，就好像是你冤枉了他一样："啊？我一直当你是最好的朋友啊！"

然后，你怀疑是不是自己哪里不够好，是不是什么地方误会了。可当你再次打开社交软件，到处都有他的暧昧留言和点赞；翻开聊天记录，句句都是他的关心和呵护。

再然后，这段暧昧戛然而止，你事实上并没有谈恋爱，但感觉和失恋了一样糟糕，就像是把一件套头毛衣前后穿反了，就像是吃苹果的时候咬到了虫子，浑身上下哪儿哪儿都不自在。

在这个暧昧比恋爱还要泛滥的年代，要么就正大光明地谈一场恋爱，要么就奢侈地保持单身。

如果不喜欢，索性就别搭理，对方可能还觉得你挺酷的。怕就怕，你一边勾搭，一边敷衍。你觉得自己很绅士，可对方只会觉得想死。

结果是，不但你不酷，对方也没尊严！

来，把那些撩人心弦却用意不明的话统统翻译成"他只是想用我来消磨时间"，把那些突然靠近却忽冷忽热的人统统归类为"他只是闲得慌"。

- 2 -

有个男生问我："我非常努力地追求一个女生，费尽心思地对她好，鞍前马后，随叫随到，但她最终非常坚决地拒绝了我。但是，当我决定和她保持距离的时候，她居然表现得很难过，就好像被拒绝的人是她一样。她到底想要怎样？"

我反问他："你想听真话，还是听假话？"

他说："先听假话吧！"

我说："假话就是，她在考验你，所以营造出一种'喜欢我很麻烦'的假象，以此来检验你的真心和诚意到底有多少。"

"那真话呢？"他又问。

"真话就是，在她看来，她有权利拒绝你，但是你无权不理她。就好比说，她在演一个童话故事，作为女主角，你被她设定为一个痴情的男配角。像你这样的男配角越多，对她越痴情、越疯狂，她就越觉得自己有魅力。当然了，她早就设定好了结局，她会和她的白马王子在一起，而像你这样的男配角们只会被无情地丢弃。"

他接着问："那我该怎么做？"

我说："个人建议是酷一点儿。首先，要让她意识到，你并没有被她吃定，你是一个随时有能力离开她的人；其次，要告诉她，你对她好的目的是想让她喜欢你，而不仅仅是感谢你；第三，放手要趁早，吃亏要知道饱。"

其实我想说的是，那些在感情中只求付出、不求回报的人，往往都能如愿以偿——得不到任何回报！

当然了，我并不反对你甘愿当炮灰这种潇洒且高尚的决定。但我希望你做这个决定的理由是，你意识到了生活不那么好过，所以一心想要找一个喜欢的人来给自己壮胆，哪怕对方的未来里没有自己,你依然坦然地认为,"我喜欢你就好,你不用理我"。

怕就怕,你没有自己想象中那么高尚和潇洒,以至于付出之后还是会情不自禁地索取回报、想要发展关系。

有些人的爱,就像是在乞讨。这实际上也不算什么大问题,就像讨钱的人一样,是因为能力不足而不得已选择的谋生手段而已。可有些"乞丐"讨厌就讨厌在,目的不是活命,而是想着致富。

所以,那些骗取同情的假乞丐非常招人讨厌,那些有失分寸的关心也常常招来反感。

有些人的爱,就像赌博。押上大把的时间和精力就为了逗他一笑,或者让他回头看自己一眼。

赌注下得越大,你就越舍不得收手。

所以,有的人赢得盆满钵满,有的人输得体无完肤。

事实上,一个对你没有感觉却安心享受你的付出的人,你是永远满足不了的。并且你没有任何资格提任何要求,否则很快你就能看到他的不满和不屑。

在他需要你的时候,你就应该当牛做马;而当你需要他的时候,你就会被视为"得寸进尺"。

就像是,他去你开的饭店吃饭,却从不掏钱买单,还跟你抱怨说:"居然叫客人付钱,这么小气还开什么店?"

我想说的是,在爱情这件事情上,如果你丝毫没有自尊,那结

果往往是：**不仅他不爱你，你也瞧不起自己。**

不要担心被人扣上"自私"的帽子，被说什么"在爱情上如果考虑起自尊心来，那实际上你还是最爱自己"。

亦舒早就说了："什么头晕颠倒、山盟海誓，得不到鼓励，都是会消失的，毕竟，谁会免费爱谁一辈子。"

你可以爱大海，但你不能跳海。

- 3 -

顾小姐家和我家的直线距离不到八十米。她从小乖巧，但长相普通，是那种扎进人堆里就很难被找到的类型，也是那种导演和编剧都不喜欢用的人物原型。

前二十年，她几乎没有跟谁红过脸，脾气好得就像是窗台上的盆栽植物。但谈了半年的恋爱，她就变了，暴躁得像是脱水时的洗衣机。

这一切都是因为她的男朋友。不管是迟到了、吃醋了，还是误会了，但凡是出现了矛盾，男朋友的第一反应就是沉默。既不解释，也不听解释，不管顾小姐的情绪失控到哪种程度，他都能成功地把人晾在一边。

可男朋友越沉默，顾小姐就越生气。这种无望的感觉就像是自已被丢进了茫茫荒野，举目四望却看不到一个同类，仰天长啸却收不到一点回应，就像是被塞进了厚铁箱里，并被沉入漆黑的深海。

她一开始是大哭大闹，慢慢发展成了摔东西、骂脏话，最后演变成了绝食和自残，最严重的一次差点儿从十七楼跳下去。

不得已，两个人分开了。

再次见到顾小姐已经是春节了，当时她正在给小区里的小朋友发糖果，我凑过去问："最近怎么样？回家胖了没有？"

她笑呵呵地说："回家胖了两斤，过节胖了三斤，加一起胖了五斤。"

看得出来，她已经从那段虐心的感情里走出来了，再谈及那段失控的人生，她轻松得就像是在讲一个笑话。

她说："当年的我是个痴情的种子，结果下了一场大雨，就把我给淹死了。我不会抽空去原谅他，也不会再浪费时间去恨他，更不会假装大方去感谢他。虽然他帮助我成长了，但他的方式配不上我的'谢谢'。"

每一个被冷暴力对待过的人，大概都有相似的感受，就是轻易就能从生气发展到愤怒，再变得歇斯底里。

因为你迫切需要解释，需要安慰，需要一个情绪的出口，但对方不仅用"装死"的方式堵死了出口，还用"对你无视"的方式加了几把锁。

累积的不良情绪还会极大地摧残你,因为情绪一旦崩塌,即使你长得倾国倾城,你的形象和气质也会被它拖垮;即使你满腹经纶,你的教养和道德也很难发挥作用。

结果是,你要么是楚楚可怜,要么是面目可憎,反正怎么样都不会可爱!

顾城说,一个人弄错了爱,就像投错了胎。

他给你的感觉是,你正在打搅他!

你对他说"晚安",不是你困了,而是你觉得他该早点儿睡。他对你说"我要睡觉了",却是告诉你,他要上床玩手机了,你可以退下了。

你对他说"早安",不是你起来了,而是你想他了。他对你说"我要起床了",却是提醒你,他要去马桶上玩手机了,你可以退下了。

冷暴力的危害有多大呢?

简单来说就是让人绝望。它就像洗脑一样,会一点点地腐蚀你的骄傲、自尊心和安全感,会一点点地吞噬你的热情、信任和存在感,然后在你的心里植入"我毫无价值、毫无魅力、糟糕透顶"的印象,最终把你拖进情绪失控的深渊。

这段死气沉沉的恋爱关系更像是在执行一场漫长的凌迟酷刑。

来,把心情收拾一下,然后趁早把那个让人糟心的家伙挂到闲鱼上去吧!

哦，对了。

不要因为被人拒绝了，受到伤害或者被欺骗了，你就丧着个脸说"人间不值得"。

我猜你可能理解错了这句话的含义。它其实是说，人世间本来就是这样，有不期而遇的，也有不告而别的；有求而不得的，也有觍着脸送上门的……它不值得你颓废、沮丧、失望。你要想方设法地保持乐观，并且不遗余力地热爱生活，你要努力让自己美好得像是一份精心准备的礼物，而不是糟糕得像是一个在人间乱窜的灾难！

08 没有癞蛤蟆，天鹅也寂寞

- 1 -

惠子和邓健是在朋友的聚会上认识的，据他俩后来交代，第一印象完全不同。

邓健当时是心花怒放："天哪，对面这个女生太好看了！"

而惠子则满是嫌弃："对面那个智障为什么一直盯着我？"

那时的惠子很高傲，同龄的女生都在憧憬"在最好的年纪遇到最好的人"，可在惠子这里，她最好的年纪看谁都觉得不咋的。

她认为自己能够识破所有男生的撩闲伎俩，能够挡住所有奇特的告白形式，能够忍受孤独寂寞冷。她觉得谁都撩不动自己。

结果却是，单身了二十年的惠子被邓健的一句"我在十七岁那年梦见过你"撩到了。

惠子无趣,而且高冷,邓健搞笑,而且热衷于"认怂"!

刚在一起的时候,两个人也闹别扭。惠子生气时会说:"我们分手吧,我爸妈不同意我们在一起。"

邓健急得直拍大腿:"就你有爸有妈了?我爸妈不同意我们分手!"

如果惠子没理他,邓健就主动找话聊:"那我们一起吃个分手饭吧?""那我们一起散个分手步吧?""那一起去看个分手电影吧?"直到把惠子哄好为止。

惠子偏爱冷战,但邓健喜欢讲道理。惠子就对邓健说:"我生气的时候,你能不能别跟我讲道理,我那个时候是个聋子!"

邓健则提醒道:"我跟你讲道理的时候,你能不能别跟我生气,我那个时候是个傻子!"

轻松就能把惠子逗乐。

有一次,两个人一起逛街,惠子看到了一个新型的拖把,就对邓健说:"我觉得这个拖把挺好的,咱们也买一个。"邓健故意提高了音量,无比傲娇地回应道:"你觉得挺好有意义吗?我使用的工具轮得到你来操心吗?"

还有一次,一位朋友从农村带来了几只活鸡,可邓健不知道怎么杀。一通比画和咬牙切齿之后,他放弃了使用暴力,然后一脸认真地对惠子说:"要不,咱们饿死它吧!"

婚后的第十个月，惠子怀孕了，孕吐非常严重，胃酸都快要吐光了。邓健既心疼又着急地说："走走走，不生了，咱们把这混蛋孩子打掉吧。咱们不吃这个苦了。"

刚生完第一胎，家里人就劝邓健要二胎，结果他竟然当着全家人的面说："生不出来了，我阳痿。"在一旁吃饭的惠子笑得快要岔气了！

他嘴里振振有词是因为读懂了对方的心思。他在争论面前无原则地认怂是因为对方在他心中无比重要。他此时此刻的"英雄气概"则是源自明目张胆的偏袒。

何为"爱情"？就是"喜你为疾，药石无医"，就是"既许一人以偏爱，愿尽余生之慷慨"！

那么你呢？是不是觉得恋爱很麻烦，结婚很可怕，生孩子简直是自寻死路？

年轻的时候，遇到稍微有点儿喜欢的人，你心里的那只小鹿就一顿乱撞，撞傻了也乐意。

后来，无论看到多么喜欢的人，心里的那只小鹿都皱着眉头、叼着香烟，然后不屑地问："怎么回事？就这种货色？我就这种眼光？"然后撇撇嘴说，"算了算了。"

然后，你在心里起誓："我要做一个超酷的人，以爱情为耻，以孤独为荣。"

你无法想象自己要跟一个陌生人在一间房子里生活四五十年，更无法想象自己要为别人担惊受怕半辈子。你想要私人的空间，想要无人打搅的自由。你怀疑自己"每天都看同样一个人"的耐心，也怀疑自己"免费为孩子的人生保驾护航"的责任心。

所以，你不想结婚了，不想有个天天吵架的伴侣，也不想要一个鸡飞狗跳的家庭。你恨不得能一直安静而孤独地玩手机，在网络世界里互相告知"今天吃了什么""去了哪里""有什么高兴的事情"。

你觉得按部就班的日子一点儿都不酷，觉得一眼能望到头的人生毫无乐趣可言，觉得生活有万千种活法，而乖乖地恋爱、结婚、生子是最不酷的那种。

是的，我承认，单身很酷，不理人很酷，不结婚、不生孩子、不被传统观念绑架很酷，一个人潇潇洒洒很酷……

但我想强调的是，恋爱和结婚同样很酷。你会和一个确定的人一起去经历未知的人生，用你全部的热情、本事和运气去直面烦琐、复杂的生活。

生儿育女也很酷，你会无私地把爱给予一个新生命，慷慨地放弃一部分自由去换取困扰、麻烦、担心和疲惫，然后负责任地陪他过短暂却神圣的一生，过充满挑战却富有意义的生活。

爱情注定会有麻烦，但爱会让你愿意忍受麻烦；爱情会制造很多麻烦，但爱也会解决很多麻烦。

我们这一生，无非是被无数人忽略，被某个人深爱，然后与之携手同行,一路收集那些惺惺相惜、相视一笑、心头一热、相爱相杀的美好片刻,最终兑换出一个名为"有你真好"的幸福人生。

- 2 -

海棠是个急性子,她总觉得爸爸妈妈取错了名字,应该给她取名"海啸"才对。

男朋友当年向她表白时,准备了十几分钟的感人台词,结果才念了五秒钟,她就同意了。

恋爱的第三天,她就朝着男朋友嚷嚷:"喂,老兄,我们在一起已经三天六小时零十八分钟了,你打算什么时候亲我啊?急死我了!"

海棠听不了前奏太长的歌曲,也看不了节奏缓慢的文艺电影。如果她知道哪里有好吃的,就一定要当天晚上去吃;如果想起什么地方好玩,第二天请假也要去。

她完全不知道什么叫"计划",什么叫"等待"。如果早上起床晚了,平日里需要半小时的事情可以压缩到五分钟,然后火急火燎地出门。

她的男朋友则是个慢性子。如果约在晚上六点半见面,他就会预估行程,提前出发,一是因为不想太赶了,二是因为觉得早到和等待是一件很快乐的事情。

如果他真的不小心也起床起晚了,该收拾半小时还是照旧收拾半小时。

逛街的时候,海棠觉得自己是牵着蜗牛在散步,而男朋友则觉得自己拽着一头活泼开朗的松狮。

他们俩使用频率最高的话是"你快点"和"你急什么"。

男朋友曾问海棠:"你为什么总是那么着急?"
海棠歪着脑袋说:"因为我是早产儿。"
男朋友不解地问:"这跟早产有什么关系?"
海棠笑着说:"就是我想做什么,我妈都拦不住!"
然后,她着急地补了一句:"关键是我自己也拦不住我自己啊!"
从那之后,男朋友看到海棠大吼大叫的时候就会安慰自己:"只是性格问题,完全没有恶意。"

海棠也曾好奇地问过男朋友:"你怎么就急不起来呢?提高点儿效率不好吗?刷牙要十分钟?洗澡要一个小时?拖地要两个小时?"
男朋友则非常严肃地对她说:"刷牙、洗澡、拖地,快了就弄不干净,就像工作、学习和写论文,快了就保证不了质量。"
从此之后,每逢海棠看到男朋友磨磨蹭蹭好半天才把地板拖干净,她就会劝自己:"只是性格问题,和智商没有关系。"

久而久之，海棠习惯了男朋友的慢慢悠悠，并且倍加喜欢男朋友的细心、稳重和仪式感；而男朋友则接受了她的大大咧咧，同时倍加珍惜海棠的热闹、可爱和雷厉风行。

他们一个负责大踏步向前，一个负责走得更加稳健；一个负责当调皮鬼，一个负责当"弱智"。

其实，每个人身上都有独一无二的魅力，也有别人受不了的缺点。就像玫瑰一样，既美丽，又有刺。但爱玫瑰的方式，不是把刺拔掉，而是学习如何不被刺伤。

如此一来，话痨的让你变得健谈，强势的治愈了你的柔弱；木讷的消除了你的戾气，保守的拯救了你的冒失。

我所理解的缘分就是：相遇在天，相守在人；懂得珍惜，才配拥有。

所以，当你讨厌一个人急性子时，为什么看不到他的效率？
当你讨厌一个人很拖沓时，为什么看不到他的耐心？
当你讨厌一个人行动缓慢，为什么看不到他的包容？

怕就怕，想要在一起的时候，他就说是"性格互补"，不想在一起了就说是"性格不合"。

爱情的世界哪儿有那么多性格不合，无非是新鲜感消退了、神秘感消失了、诱惑不够了，所以不想配合了。

事实上，如果对方不想理解你，那么错的永远都是你，所以你的解释是多余的，等他道歉是不可能的。

感情世界的规则其实非常简单：想要离开的人从来不缺借口，愿意留下的人向来不用挽留！

- 3 -

电影《恋恋笔记本》里有一段感人台词："我并无特别之处，我只是一个极其平凡的人类，过着极其平凡的一生，世界上没有为我而修建的纪念碑。但在一件事情上，我比任何一个人都要伟大和忠诚，那就是，我用尽了我的一生全心全意去爱一个人。"

我们得承认，对一个人保持长久、热烈的爱很难。但如果双方都不想放弃这份感情，那么两个人就会一次一次地重新爱上对方。

你会因为他的好而原谅他的不好，也会因为意识到他的好而收敛自己的不好。从这个角度来说，受不了、看不惯、厌倦以及乏味，其实都是爱的一部分。

爱情不只是奋不顾身地去爱一个人的特别，更难的事情是学着去爱一个人的普通，理解对方、偏袒对方、心疼对方。换句话说，你既要爱他的优秀和矜持，也要爱他的落魄和庸俗！

换个角度来说，当你发现一个非常骄傲的女生突然放下了骄傲，变得低微的时候，或者一个非常热闹的女生突然安静下来的时候，那么她多半是认定你了。因为她在你面前不用矜持，不用优秀，所以放心地让你看到了面具后面的那个她。

同样，当你发现一个非常理性的男生突然变得幼稚、白痴，或者慢慢觉得他魅力不够了，觉得他不成熟的时候，那么他一定是爱上你了。因为他在你面前没办法保持理性，没办法运筹帷幄，只好束手就擒！

想对男生说的是：如果女生对你无理取闹，切记先让她三分，等她自知理亏，会心存感激的！

想对女生说的是：是的，女朋友永远是对的，但你别忘了，没有人能保证女朋友永远是女朋友。

09 所谓代沟,其实是还没来得及理解的爱

- 1 -

春节放假,R小姐带着两岁大的儿子回娘家。吃过晚饭之后,R小姐在卧室里敷面膜,听见爸妈在客厅里闲聊。

她爸对她妈说:"明天去老李家,把你外孙子也抱去吧,人多热闹。"

她妈回答:"我才不抱,又不是我的孩子,走哪儿抱哪儿!"

R小姐按着眼角,憋着笑说:"那行啊,你把我抱去吧,我是你的孩子。"

R小姐一家完全可以拍一部家庭喜剧。

小学的时候,R小姐家里并不富裕,为了多要点儿零花钱,R

小姐骗她妈说:"学校要开一个艺术班,芭蕾舞、国学、围棋、计算机……什么都教,特别划算,一个月才三块钱。"

结果是,她妈一边狂笑一边使劲儿地揍她:"啊?三块钱?你当你妈是个傻子吗?"

大学刚毕业的时候,作为家里最懒、收入最低的人,R小姐经常被她爸"嫌弃"。

但凡是她上厕所的时间长了、玩手机的时候发笑了、沙发上的抱枕掉地板上了、垃圾桶快满了……她爸都会找她的碴儿。

有一年春节回家,她两手空空地进门了,她妈一边忙着给她煮饭,一边"嫌弃"她:"你都二十好几的人了,回家都不给我带个礼物,怎么就这么不要脸呢?"

她一脸谄笑地回复道:"不要脸怎么了?不要脸省钱啊!"

R小姐也会找一些事情来反击,比如吃饭的时候提醒她妈少放点儿酱油,结果她妈直接把饭菜和碗筷都收起来了,并告诉她:"那你就自己弄吃的吧。"当天晚上,她还在洗衣机上看见自己被妈妈挑出来了的脏衣服,旁边还贴着一张字条:"估计洗衣粉放多了也不好,你的衣服还是你自己洗吧。"

又比如说她爸不该抽烟,结果她爸一脸傲娇地回应她:"那你就出去找个不抽烟的老爸,现在我们断绝关系好不好?生活费不给你了好不好?"

揍归揍,吼归吼,"嫌弃"归"嫌弃",但实际上,R小姐的爸妈非常爱她，也非常开明。

在她上学的这十几年间，她爸总抽时间陪她去玩，经常说："该玩的时候一定要使劲儿玩，不玩的话，一下子就长大了。"

她找工作的时候，她妈说："你找自己喜欢的就行，反正我们又不指望你来养。"

她第一次辞职之后，她爸怂恿她出趟远门："你以后经商就当是去找商机，以后学艺就当是去找灵感，如果以后是做个普通人，那就当是去找快乐。"

在她被一堆亲戚催婚的时候，她妈非常认真地对她说："不着急，这些今天催你结婚的人，跟明天你过得不好然后劝你不要离婚的人，是同一群人。"

看见没有？一个家庭给孩子最好的牌，不是万贯家财，不是位高权重，而是皮实，是发自内心的那种愉悦感。反之，一个家庭给孩子最烂的牌，不是穷困潦倒，不是人微言轻，而是自卑，是刻进骨子里的自我厌恶。

我见过很多父母，要求子女必须这样、必须那样，同时不许这样、不能那样。他们将子女视为私有财产，视为他们人生的续集。

子女只有"你都多大了"和"你才几岁"这两种年龄，并且这两种年龄还会"看情况"而定。当父母需要展示自己的权威时，就会问："你才几岁啊？"当父母需要孩子来背黑锅时，又会说："你都多大了！"

子女既不许反抗，也不能有个性，只能无条件地服从。父母喜欢的才算兴趣爱好，其他的都属于玩物丧志；父母觉得好的才配叫谈恋爱，其他的都是"瞎胡闹"。

他们不在乎孩子过得快不快乐，有哪些真实的想法，不理解孩子为什么哭或者笑。一旦看到孩子在哭，就狠狠地骂；一旦看到孩子在笑，就无情地泼冷水。没有交流、沟通，有的只是命令、冷漠。

他们培养出了一个个压抑、憋屈、没有鲜明性格特征的，处处逃避、时时隐藏真实自我的孩子。这些人可能无趣，可能无用，看似得到了父母的恩宠，其实积攒的都是怨恨。

我也见过很多子女，指责父母这么说不对，那样想不对，嫌弃这些东西太土气了，那些东西太寒酸了。将父母视为生活的错题本，视为自由的敌人。

他们既看不惯父母的活法，也受不了父母的想法，父母在他们眼里，除了给予他们生命，就剩给钱了。

于是，自懂事之后，很多子女就再也不能把父母当作英雄了。甚至还担心自己会娶一个像妈妈一样絮叨的女人，或害怕自己嫁一个像爸爸一样无用的男人。

于是，孩子抱怨父母"怎么就不能像别人家的父母那样开明"，父母则埋怨孩子"怎么就不能像别人家的孩子那样优秀"。

等到父母明白孩子的感受时，孩子已经逃得远远的了；等到孩子懂得父母的爱时，父母已经老得就像一张旧报纸了。

所谓"代沟"，就是子女无法感受到父母的良苦用心，父母也无法理解子女的真实感受了；就是"我做什么，你都看不惯我；你说什么，我都不想听"。

- 2 -

电影《完美陌生人》里有一个小细节，大致是这样：一位十七岁的少女谈恋爱了，男朋友邀请她去家里做客，并且暗示家长不在家。女生很清楚，这不是简单的见面聊天，他俩很有可能会发生关系。

于是，少女给自己爸爸打了电话，非常诚实地说出了自己面临的选择和担心。

少女说："我很喜欢他，但我没想过这么早跟他发生关系。可如果我不去，又怕他会不高兴，我不知道要怎么做。"

她的爸爸听完后非常坦诚地对她说："亲爱的，你不能因为怕他不高兴就跟他发生关系，这不是理由。你要明白，这是你人生中非常重要的时刻，是你会铭记一生的事情。我当然不会支持你去，因为你还小。但是，如果你以后想起这个时刻，无论这段感情的结果如何，你都会嘴角带笑，那你就去吧！但如果你不是这么想的，或者说，你现在还不太确定，那就先不要去！"

想象一下，如果你是家长，听到孩子非常诚实地跟你说这样的事情，你会做出什么样的反应？

会疯掉吧？音量会不自觉地升到最高，然后怒发冲冠地对着孩子吼："你脑子坏了？不能去，绝对不能！你要是去了，就别认我这个妈（爸），就别再回这个家了！"

会失望吧？眉毛紧锁，脸色凝重，然后话里带刺："你还要脸不？你不要，我还要啊！"

还是直接无视？继续忙手里的事情，然后像什么都没听见一样，冷漠地说："随你便，想怎样就怎样！我管不了你。"

又或者是像电影里的那位爸爸一样，能心平气和地听完，然后给出中肯的分析，以及不失偏颇的建议？

再想象一下，如果你本人就是这个十七岁的少女，你会跟自己的父母诚实地说明一切吗？

我相信大部分人都不会，且不说是这种人生大事，在很多小事上，很多子女也都是天生的说谎大师！

比如，小时候考砸了，回到家后，你一脸认真地对你爸说："老师说了，这次试卷特别难，能考五十五分已经不容易了，最高分好像才六十六分。"你还会一脸为难地对你妈说："老师还说了，这次考试不搞排名，所以，我也不知道我排第几。"因为你知道，如果实话实说，那你接下来的假期将会无比难过。

比如，大学谈恋爱了，钱不够花，你可能会跟你妈说："下个月要报个补习班""学校运动会快要到了，我想买一双跑步鞋"……因为你知道，如果是以谈恋爱为理由，那么钱是肯定要不来的。

人之所以会选择撒谎,是因为他权衡利弊之后发现,"诚实＝源源不断的审判＋难以忍受的抱怨",而"撒谎＝大概率的平静＋可能会有的好处"。

所以,当你因为别人撒谎而准备爆炸时,请一定要先问问自己:"如果对方说了实话,我会选择理解并原谅他吗?"

如果答案是"不会",那么请再次追问自己:"他凭什么要对我说实话?撒谎不是很正常吗?"

所谓"代沟",就是子女有无数的心事,却不能向时时准备审判自己的父母袒露。

- 3 -

A接到了老妈的电话,大意是想让A帮忙买一款健康鞋垫,说身边有好几个老太太在用,特别好,两千多一双。

A就上网查了一下,然后用医疗原理、营销策略以及类似的案例来告诉老妈"这东西肯定是骗人的"。讲了足足有半小时,有理有据,声情并茂。

末了,A问道:"妈,你听明白了吗?"

他妈叹了一口气说:"完全明白。"

然后补了一句:"都说养儿防老,原来都是骗人的!"

B的老妈很喜欢看电视购物，有一次回老妈家，老妈告诉B："我看电视购物频道，买了一款超级划算的包，你看看，超级明星定制款，原价一万九千八，我只花了九百九十八。"

　　B自然知道老妈上当了，但他没有拆穿，而是表现得非常惊喜："老妈，你真是太有眼光了，这包买得真值！"

　　他妈妈高兴了足足小半年。

　　孝顺是讲道理吗？是辨明真伪吗？不是！

　　真正的孝顺，就是不急着对自己的父母说教，就是允许他们犯一些低级的错误，让他们说一些你不认同但他们坚信不疑的话，让他们做一些你不喜欢但他们非常热爱的事……

　　真正的孝顺，就是把自己变成父母的双腿和双眼，去他们没去过的远方，看他们没看过的美景，然后，同他们分享自己的见闻和世界的变化，并且找机会带他们去走走看看。

　　那么你呢？

　　你常年在外漂泊。父母常年待在寂静的房子里，而你则安静地待在父母的通讯录里。他们生病了，你常常是在他们痊愈之后才从旁人那里得知。

　　你好不容易回趟家，当父母围着你问这问那的时候，你目不转睛地盯着手机屏幕，然后不耐烦地回一句："跟你说了，你也不懂。"

　　他们当然没有你懂！

　　你见识到了这个世界高效、光鲜、正确的一面，所以越来越难以理解父母为什么会轻易地被错误的观点煽动，被某些存在明显漏洞的骗局骗到。

你读过各式各样的励志文章，听过各种各样的热血故事，所以认定了时间比什么都珍贵，所以理解不了为什么父母会不厌其烦地要求你省吃俭用，所以看不惯父母为了省钱而做一些费力不讨好的事情。

你越来越有主见和判断，对世界的认知越来越丰富，对自己人生的规划越来越清晰，所以听不进去父母的告诫，甚至对他们的嘘寒问暖感到厌烦。

所谓"代沟"，原本是不存在的，只是不想说的话太多了，便有了代沟！

- 4 -

有个大四的女生说："刚上大学的时候，我已经十八岁了，可爸妈还是像对待幼儿园的小朋友那样要求我晚上六点之前必须回家。很长一段时间里，我都觉得他们保守、狭隘，理解不了，也忍受不了。直到我最好的朋友出事了，我才理解了父母的良苦用心。因为意外和明天，真的不一定哪个会先到来。"

有个上高中的男孩说："偶尔会觉得说话粗鲁、喜欢讨价还价的妈妈很丢人，连起码的面子和尊严都不要。有很长一段时间，我不喜欢妈妈，不喜欢她来参加我的家长会。直到我看见她把讨价还价省下来的钱全部都用在我身上，我才明白，在妈妈心里，比起面子、尊严，我才是最重要的。"

有个在异地的学子说："我的爸妈总是怕东怕西，一会儿转给我一条新闻，一会儿转给我一段文字，告诫我不要这样，不要那样。有很长一段时间，我致力于给他们辟谣，让他们意识到自己有多傻。直到有一天，我谈恋爱了，还是异地恋。女朋友所在的城市发生了什么事情，我都会立刻转发新闻提醒她。那一刻我才理解自己的父母，他们不是愚昧，只是太爱我了。"

有个做老师的妈妈说："我教学生做题，他们却总是听不懂时，我真想两巴掌打过去。那一刻，我突然就理解了当年爸爸为什么总是用笔敲我的脑袋。当时觉得糟心、难过、烦躁，现在才明白，那是恨铁不成钢的无奈，更是望女成凤的期望。"

长大至少有两个标志：
一是理解了父母的不容易，并且迫切地想要回报他们；
二是接受了父母的不完美，并且无条件地原谅他们。

所谓"代沟"，就是父母总是高估了自己对子女的重要性，同时低估了子女所承受的压力和痛苦；而子女总是高估了父母制造束缚的能力，同时低估了父母为自己着想的程度。

- 5 -

想对天下的父母说，你对孩子的付出，注定会超过孩子对你的回报。但是，这并不意味着孩子必须活出你指定的人生。

不要动不动就说"我都是为了你好""你真是太让我失望了"，不要用自己的爱去绑架一个鲜活的生命。

最失败的父母，就是既看不起自己的孩子，同时又希望孩子能够成龙成凤；就是既给孩子戴上无数的枷锁，同时又希望孩子能够强大而且快乐。

想对天下的子女说，你的妈妈当年也是集万千宠爱于一身的小仙女，你的爸爸当年也是满腔热血的翩翩少年，曾经的他们和现在的你一样，臭美、自恋、虚荣，所以他们会犯错，会自私，会手忙脚乱，会崩溃无助。

父母是第一次做父母，你是第一次做孩子，谁能保证自己不犯错呢？在你责怪父母独断专行、蛮不讲理的时候，我希望你能提醒自己：他们不是完美的大人，自己也不是完美的小孩。

不争的事实是，他们用逝去的芳华换来了你的璀璨人生，而你的风华正茂换来的却是他们的风烛残年。

所谓"代沟"，其实都是还没来得及被理解的爱！

10 我们都擅长口是心非，又希望对方能有所察觉

- 1 -

忘了是什么节日，赵家夫妇请我吃饭，吃的什么也忘了，就记得他们俩在饭桌上斗智斗勇的对话。

赵先生说："我的银行卡找到了，在我公文包的夹缝里。"

赵太太耸耸肩说："我老公真棒，丢了的东西找了一个月就能找到。"

赵先生不甘示弱："跟媳妇比，我差远了。媳妇找不到的东西，就是找不到了。"

赵太太提高了音调说："嗯，能找到就是很棒，找不到就是很蠢！"

赵先生马上说："不不不，能找到是尿，找不到才叫酷！"

后来聊到他们三岁的女儿。赵太太知道我学过心理学，就问我："我家孩子才三岁，想要什么东西，她都不会明说，非得要我们塞给她才行，这算不算心理疾病啊？"

结果赵先生接话了："别说三岁小女孩了，三十岁的女人也是这样。"

那顿饭我没怎么吃东西，因为当时的情况是：他们俩说话就像是jpg格式，而我全程笑成了gif格式。

印象中的赵先生是个书呆子，而赵太太是个一等一的"顶嘴王"。但拜对方所赐，赵先生不知不觉变得能说会道了，而赵太太则明显要比从前温柔得多。

比如在某个纪念日，赵太太红着脸向赵先生坦白："其实当年看到你的第一眼，我就理解了什么叫'情窦初开'！"

结果赵先生一脸坏笑地说："拜托，你那不叫情窦初开，顶多叫流氓早熟。"

两个人在生活中也会发生争吵，多数情况都是赵先生"缴械投降"。气不过的时候，他就躺在沙发上一动不动。

赵太太就会问他："你躺下来干什么？继续跟我吼啊！"

赵先生答："我死了！"

赵太太追问："那怎么还有气？"

赵先生答："因为咽不下这口气！"

他们怄气一般不会超过两小时，两小时之内就会互相道歉。

一个说:"我错了,我错了,我不该那么长时间不理你。"另一个说:"不不不,都怪我,都怪我,我不该跟你发脾气。"

他们生气时给人的印象是:"生气归生气,但不影响我爱你。"
他们道歉时给人的感觉是:"这次是我错了,但下次我还敢犯!"

与此同时,他们俩非常默契地遵守一项原则,那就是:在家的时候可以随时开战,但在外面一定要照顾好对方的形象。

当有人问赵先生:"你觉得谈情说爱浪费时间吗?"他的回答是:"我每天笑着睡觉,笑着起床,一个人走路也是笑容满面,跟别人聊天,七拐八拐就会拐到我太太那里。时间算什么?命都可以给她,浪费就浪费了吧。"

当有人问赵太太:"他那么会赚钱,又儒雅谦和,你怕不怕他是个花心的人?"她的回答是:"我倒不怕他花心,我就怕自己不够好,让他以为爱情不过如此。"

你看,令人羡慕的感情,其实都是势均力敌的。你能捱我一刀,我能吃你一棒;你懂我的言外之意,我理解你的言不由衷;见对方情绪不对,就主动示弱;逮着机会了,就"寻机报复",也因此将平淡的生活"作"出几分滋味来。

幸福大概就是这样吧,你的不耐烦有人兜着,你说的废话有人在听,你的小心思有人能识破,你爱着某个人,一爱就是一辈子!

恋爱毫无规律可言，有的是吵吵闹闹就白头偕老了，有的是甜甜蜜蜜却分道扬镳了。朱晓晓属于后者。

朱晓晓今年二十三岁，只谈过一次恋爱，而且一谈就是五年。

这段感情的前四年都是异地恋，隔着六百公里，每两个月见一次面，但那四年超级甜蜜，每个普通的日子都能过成纪念日，每天能聊三四个小时的废话。

用一句话形容就是：没电了，信号无，才敢与君绝！

我记得当时问过朱晓晓："你是怎么被他打动的？"

她说："就是有那么一天，我们在公交车站等车，车快来的时候他突然扯了扯我的袖子，然后红着脸说'喂，我好像能永远喜欢你'。"

男生对朱晓晓确实很好，几乎是全天都惦记着她。

有一次，朱晓晓跟室友和室友的男朋友一起去看电影，电影开场之前，朱晓晓拍了一张照片发给男生，并且撒娇似的说："你以后要为我报仇，你看他们俩在我面前秀恩爱呢！"然后就把手机调成静音模式了。

电影结束之后，她才看到男生发了很长的道歉信，大意是"现在不能陪你，非常抱歉"。从那之后，只要朱晓晓去看电影，男生就会在自己所在的城市选同样的场次，然后一起看。

熬完了四年异地恋，两个人终于在一起了，他们工作稳定了，开始攒钱买房，准备结婚。

然而，交集越来越多，别扭也越来越多。小到几点关灯睡觉、晚饭吃米饭还是面条，大到房子该买在哪个位置、车子是买轿车还是 SUV，都吵。

他们发自内心地不同意对方的观念，但都默契地选择了"忍"，因为这份感情来之不易，也因为还爱着对方。不到半年时间，两个人辛苦到连话都不想说的地步。

分手那天是个星期五，两个人本来约好下班一起去看场电影，但朱晓晓突然说"不想看了"，没有任何解释，男生也没要解释。

两个人往地铁站的方向走，照旧是默契地沉默着。眼看着要进地铁站了，男生扭头说了一句："哪天你心情好了，我们分手吧。"

朱晓晓愣了一下，然后平静地说："好啊，我今天心情不错，就今天分吧。"然后就没有然后了。

当初的"喜欢"是真的，如今的"累了"也是真的。

谁都没去挽留，谁都没问一句"为什么"，干脆利索的程度就像是两块相吸的磁铁突然之间变成了相斥。

原来，一见钟情不能保证天长地久，情投意合不能，朝朝暮暮也不能。

原来，断了的爱情就像是脱落的牙齿，没了就是没了，再怎么用心装，也是假的！

每一种情绪的背后，一定隐藏着某种被对方忽略了的需求。这时候，如果你不能自己解决，那就试着表达出来。

当你说"我想一个人静静"的时候，实际想说的是："我想一个人待着，但是，你也别走得太远。"

当你说"你怎么每次都这样"的时候，实际上是想说"我希望你听我说会儿话，我现在很难受"。

当你说"我没事"的时候，其实是想说"我需要你"。

当你说"你忙吧"的时候，其实是想说"我们聊一会儿吧，就五分钟"。

当你直接地表达出自己的感受和需求，对方就可以把注意力用在满足你的需求上，从而减少了不必要的误判。对方能清楚地知道你需要什么，自己该做什么。

否则的话，他要么是束手无策，要么是无动于衷，而那时的你能得出的结论只有一个："你不爱我了。"

人啊，真是个奇怪的物种，尤其是在感情面前，需要坦白的时候，总是隐忍地闪烁其词，需要退让的时候又不管不顾地强调尊严。

于是，不告而别的错过和无疾而终的遇见也因此而不断涌现。

所以，不要一看到喜欢的人就急着说"爱你胜过爱自己"这种话。因为"爱对方"和"爱自己"的比较是一场耐力赛，是相识以后，是此后余生，不是你此时此刻的心血来潮，也不是情到浓时的信口开河。

这就好比说，你参加了一场万米长跑，仅仅是因为在开始的时候领先了三米，然后逢人就说"我赢了比赛"，不觉得很荒谬吗？

我知道，其实你内心很骄傲，但看起来很腼腆，就像一只谨慎的小兔子，壮着胆子去喜欢某个人。但凡他给了你一个笑脸，你就会开心地蹦跶一整天；可但凡他表现出一点儿不耐烦，你就会红着眼睛逃回森林里。

然后，你欺骗自己说"错过就错过吧，好的总是压箱底"，我想提醒你的是，你可能根本就不知道你的箱子有多深。

喜欢一个人不难，难的是互相理解；感动一个人不难，难的是一直爱下去。

在感情的世界里，"生分"这种东西一旦出现，就会像黑洞一样难以遏制，直到将这份感情完全吞噬。

想必你也发现了，只有小孩子才会不停地追问"你为什么不理我了？"，而大人们都是非常默契地再也不见了。

- 3 -

都说"爱是天时地利的奇迹"，这是真的。

在茫茫人海中有幸遇到一个心仪的人，他迷人且自信，对生活充满热情，对世界充满好奇，就像是一只从赤道飞过来的、羽毛鲜艳的小鸟，经过长途跋涉，越过汹涌人潮，不偏不倚地落在你的肩上。

你迫不及待想要亲吻他的嘴巴。

但是,没过几个月,你们却用同一张嘴巴为一些小事吵得天翻地覆。你们调动了全部的注意力和智力,用最刻薄的语言去刺痛对方,并且极尽嘲讽之能事。

但悲哀的是,你侧耳倾听的目的不是听清他说了什么,而仅仅是为了找到破绽以便反击;他屏息凝神也不是为了听懂你的弦外之音,而仅仅是为了更狠地捅回来!

概括起来说就是:你们既不了解自己,也不了解对方。

互相不理解是什么感觉呢?

大概是,一个人觉得自己把细枝末节都交代清楚了,然后带着一百二十分的期待去问另一个人:"所以,你的答案是什么?"另一个人一脸懵懂地反问道:"啊?你问了什么?"

大概是,一个人觉得自己做得很好了,另一个人觉得不够,然后,前者说:"你看,我为你付出了那么多。"后者却说:"你这个地方没做好,那个地方没做对。"

成年人的爱情不仅需要缘分,更需要学习,需要经营,需要不断地了解对方的真实需求。

所以,为了爱,学习吧,改变吧。每个人都有需要学习和改进的地方,有人要学习微笑,有人要学习拥抱,有人要学习克制情绪,有人要增强体质……如果连为了自己爱的人稍做改变都不愿意,那真的意味着你失去了与世界的沟通能力。

你一个人的时候,可以有个性,可以毫无顾忌地做自己,但如果是两个人了,就需要温柔地体谅对方,并耐心地和对方沟通。

毕竟,爱的逻辑关系不是"因为……所以……",而是"即使……仍然……"。

爱是什么?是识货!

他不会嫌弃你胖。即便你真的胖,在他眼里,你依然是个被锁在脂肪里的瘦子,是个包装纸很厚的精美礼物。

他总能猜透你的小心思。如果你在商店里多看了几眼围巾,他马上就能挑出一条套在你的脖子上。你低头一看,天哪,款式、颜色、纹理都是你喜欢的。

就像网上那个段子写的那样:"我的院子里有四万朵玫瑰花,每天清晨,我捧一本书坐在院子里。所有的人路过,都要称赞我的玫瑰,也有想要折去一两朵的,我统统不理不睬。直到有一天,你来了,笑得眼睛眯成月牙,问我'看的什么书啊?'。我就知道,这四万朵玫瑰花,统统是你的。"

多么幸运啊,世界上有那么多有钱的人、有才华的人、多愁善感的人、胡搅蛮缠的人、风度翩翩的人,就只有这个人会让你开心地笑、放肆地骂、落寞地哭,以及毫无保留地爱。

爱对了一个人,就相当于做对了人生当中绝大多数的事情。

11 明明是你死皮赖脸,何必怪他不留情面

- 1 -

在杨姑娘第三次表白之后,那个男生就把她拉黑了。

她跑来跟我抱怨:"我到底是杀了人,还是放了火?他居然这样躲着我。"

他们是在朋友的聚会上认识的,当时一群人三三两两地聊着天,杨姑娘却如花痴一样盯着对面的男生看。在酒精的怂恿下,杨姑娘突然就站起来指着那个男生说:"不好意思,初次见面我就喜欢你,有空咱们谈个恋爱吧!"

众人哄笑,但男生显然被她的唐突给吓着了,尴尬地笑了一下,然后继续和旁边的人聊天,根本没有接杨姑娘的话茬儿。

之后的一小时，杨姑娘感觉自己就像是一只帝企鹅，被扔在了撒哈拉沙漠。

"贼心不死"的她通过朋友加了男生的微信，花了一整夜的时间翻看了男生的每一条朋友圈，并且逐条点赞。

随后的几天，杨姑娘不断地给男生分享自己喜欢的歌曲、电影，推荐自己喜欢的书籍、美食，还把自己平时看到、听到的开心事讲给男生听。

男生偶尔也会回复她，要么是很快的"哦"一个字，要么是很久之后的"才看到"三个字。

就是这么一丁点儿的回应，杨姑娘都能开心好半天。她觉得机会来了，就在对方的"才看到"之后发了一句："我真的真的很喜欢你，你能试着跟我交往吗？"

对方很直接地回："不能。"

一气之下，杨姑娘把男生拉黑了，她发誓："再也不喜欢他了，再跟他讲话我就是小狗。"

结果第二天早上起来，她就重新加了男生的微信，还一个劲地解释："实在不好意思，小姨家的孩子玩我的手机，不小心把我的好友都删掉了，害得我一个一个往回加。"

瞅瞅吧，爱情里的弱势群体都一个熊样，决绝的话说得气壮山河，丢人的事做得前赴后继。

她偶尔也会觉得，能认识一个让自己心动的男生就已经很好了。然而，忍了不到一个星期，不甘心只是做朋友的她又厚着脸皮去表白了。这一次是直接打电话，杨姑娘不想给他岔开话题的机会。

她说："你能告诉我你喜欢什么样的女生吗？我会朝那个方向努力，变成你喜欢的样子……"

还没等她说完，电话就被挂断了。等她再拨过去，电话没人接了，等她再发微信，发现自己已经被拉黑了。

她非常不解地问我："我努力地靠近他，他也曾理过我，为什么要拉黑我？不感动就算了，不喜欢也算了，为什么要拉黑呢？"

我说："自始至终，他都没有骗你，没有耽误你，也没有给你希望又让你失望，而是给了你一个明确的答复。他没有义务对你微笑，更没有义务忍受你的再三打搅！"

喜欢一个人是一种感觉，你可以把这种感觉描述得天花乱坠，可以被自己的辗转反侧感动得稀里哗啦。但是，不喜欢你却是事实，事实胜于雄辩！

你以为自己是在为了爱情而努力着，实际却像是在菜市场里卖菜，像是在马路边摆摊，显得特别廉价。他点了个赞，你就以为生意来了，其实人家只是路过，出于礼貌或者习惯向你点头致意而已。

所以，不要没完没了地发"在干吗""吃了吗""早点儿睡""多喝水"这些没营养的话了，有这些时间，不如琢磨如何让自己更健康、如何让自己更有趣、更有学识地和对方愉快相处、如何让自己更有底气、更有实力地和对方平等交流。

你要记住，真正的喜欢，就是努力让自己配得上。

可惜的是，多数人都想拥有一个优秀的恋人，却很少有人能够理性地问自己到底配不配。

你给他写了情书，送了礼物，然后日日夜夜地思念，并且有过无数的忐忑和脸红，但都被他明确地拒绝了。你内心的潜台词是："你可以不主动，但是我主动的时候，你能不能别一动不动？"

可问题是，他对你毫无感觉，为什么要动？

残酷的真相是：只有发觉自己不被喜欢，才会卖力地想要投其所好！

喜欢一个人需要勇气，但被人喜欢却需要运气。糟糕的是，你勇气可嘉，却运气不足。

结果是，你每次试探性地往前一步，看到的都是他见了鬼似的落荒而逃。

你可能误解了"理人"这种行为。你给他发了二十多条消息，讲述了你这一天的吃喝拉撒、喜怒哀乐，然后他到临睡之前才回了你一条"才看到"，这不叫理你，这叫被逼无奈。

记住了，他主动给你发消息，才叫理你。

你可能也误解了"表白"这种行为。表白是向一个人说出自己的心里话,然后,这个行为就算结束了。你说完了,就已经非常勇敢和光荣地完成任务了。

不要用表白来勒索关系,逼着对方做出回应。你这不是表白,更像是威胁;也不算喜欢,更像是给人添麻烦。

那结果自然是,你拿着丘比特的弓箭追啊追,他穿着防弹背心跑啊跑!

- 2 -

自从被分手后,董先生就像是丢了魂。他把一份重要的合同塞进了碎纸机里,煮意大利面时把洗洁精当成番茄酱用,走到公司门口才发现脚上穿的是拖鞋……

他在他的微博里绘声绘色地讲着他失恋之后的糗事,就像一个街头艺人在等着过路人的围观。

我评论道:念念不忘,必然很丧!

这段感情开始得很突然,是董先生先动的心,也是他先开的口。开始非常顺利,这边表白了,那边就答应了,就像是摩拳擦掌准备攻城略地的时候,城里的人打开了城门列队欢迎。

董先生据此认为:"她可能早就看上我了。"

然而不到三个月的时间,他就硬生生地将恋爱谈成了一项挑战极限运动:想象力像在冲浪,心脏像在滑翔,自尊像在潜水,猜忌像是攀岩……今天因为某个异性的评论而醋意大发,明天因为某句关心不到位而大发雷霆。

几场"怄气大战"之后,女生提出分手。

董先生慌了,发了疯地祈求,在街上哭得声嘶力竭,还一遍遍地发誓:"我可以改的,我都可以改的。"

女生虽然不再提分手,却对董先生越来越冷漠,不想说话,不想约会。不管董先生怎么献殷勤,女生总能找到"今天不想出门"的理由。

最后一次见面是董先生的生日,在他的软磨硬泡下,女生勉强答应一起看电影。可就在电影开场前二十分钟,女生突然给他打电话:"我的闺密也想看这场电影,你再买一张票吧。"

董先生选座的时候发现已经没有连座的票了,女生则建议说:"那我和闺密坐一起,你坐那个后买的位置。"

就这样,一个预想中甜蜜难忘的生日,变成了一个五味杂陈的爱情祭日。

那天临睡前,董先生忍不住问了一句:"你能不能对我好哪怕一点点?"

结果女生直接回复道:"对不起,我已经不爱你了。"

董先生把他们最后的对话截图发给我看,问我怎么会这样。

我说:"无非是,你不舍得剧终,她却不想演下去了。"

爱情中最悲哀的事莫过于,你看似谈了很多次恋爱,但事实上没有一次被好好地爱过。

爱情非常现实。当一个人喜欢你的时候,你的缺点都叫"与众不同",可当他对你不再有感觉的时候,你的优点都显得俗气平庸。

当他还喜欢你的时候,只会担心自己给你的不够,会将你的撒娇视为亲密,将依赖视为信任,将黯然神伤视为楚楚动人,就连你打嗝、放屁、牙缝里有菜叶子都被视为天真可爱。可当他对你没感觉了,就会觉得你的要求太多了,会将你的撒娇看成无理取闹,将你的依赖看成麻烦,将你的难过看成矫情。

当他还喜欢你的时候,你是一串鞭炮,他都觉得你有个性;可当他不喜欢你的时候,你温顺得像一只猫,他都嫌你掉毛!

换句话说,他对你的态度仅仅取决于喜不喜欢你,跟你如何表现无关。

所以,不要再觍着脸说自己会永远等下去。遥遥无期地等一个人,这看似感人,但并不诱人,就像你天性善良,对他情深义重,可不及另一个人好看、有趣或者有钱。

也不要死抱着一样东西不放手,而是要将其视为宇宙交给你代为保管的物品,你看似拥有了它,但实际上它随时会被人取走。

爱情没了,你要做的是守住尊严。不论能不能在一起,也不论能不能走到最后,你的感情都应该遵循三条规则:

一、这段感情总体上应该是让你上进、让你感受到快乐的。如果它总体上是让你颓废、失去自我、经常失望和愤怒的,那不如不要。

二、自己的喜欢是有保质期的,一厢情愿也好,舍不得放手也罢,过期就要作废。

三、不喜欢要明说,拒绝要干脆。不要暧昧,不要给人希望,毕竟谁的喜欢都不是大风刮来的。

不属于你的东西不仅要扔掉,而且还要扔得远远的。

希望你早日明白,身材、金钱、事业、学业、前途、亲情、尊严……任何一样,都可以比爱情重要。

- 3 -

网上有个段子:"如果有一天,你在街上碰到了你的前任和他的新欢,请不要心酸。记得妈妈说过的话,我们要把不要的旧玩具,捐赠给比我们更不幸的人。"

但实际上,被分手、被放弃、被辜负的那个人是做不到这么酷的。

多数人对前任的感情非常复杂：一边在言语上贬低对方，一边又在深夜里反复想起；一边宣称要马上投入新恋情，一边又希望对方过得不好，然后可怜巴巴地回来求自己和好。

结果是，一边枯坐在思念的庙宇里吃斋念佛，一边幻想他和另一个人正逍遥快活。

事实上，前任也曾经是你觉得对的人，你也曾为他掏心掏肺、奋不顾身过，所以不必因为失恋而否定曾经的自己。

即便是不爱了，也没必要去恨。在爱与恨之间还有无限的空间，比如随他去吧，比如同情，比如无所谓。

何为勇气？就是不再回头看。
何为强大？就是能静候佳音。

心里有事，你就请个事假；心里有病，你就请个病假。

不要低声下气地祈求，不要醉成一摊烂泥，不要故地重游，不要当众哭得狼狈不堪，不要破罐子破摔……你所有的补救都无济于事，所有的表演都荒唐可笑，所有的自虐行为都需要自行承担。

这个世界很残酷，但凡是你喜欢的东西，基本上有这三个特点之一：容易发胖、不太便宜、不想理你。

但你可以很酷。至于那个人为什么不想理自己，管他呢！毕竟生活的目的不是找出"十万个为什么"的答案，而是要去拥抱"十万个不为什么"的坦然。

我的建议是，以你的真实面目示人，自然会有人喜欢你的真面目。不用取悦谁，更不用委屈自己，不回你消息的人就别黏着了，不同意就直接说"我不"，而不是"那行吧"。

　　你好不容易才变成一个酷酷的浑蛋，为什么不继续了呢？

　　切记，爱常常是错觉，恨全都是假象！

　　生日和新年都不祝你快乐了，只祝你经历了情路的曲折和颠簸，仍然觉得"人间值得"。

Part III

讲真的，
如果吼可以解决问题，
那么驴将统治世界

人一旦认定了某件事，想法就会变得片面而且固执。

所以，你只需做好两件事就够了：知道什么是对的，然后坚定地去做；知道什么是更好的，但不强迫别人去选。

12 评价别人容易，认识自己很难

- 1 -

先讲三个有趣的故事。

一个男人近期发现，妻子的耳朵越来越聋了，经常是一个问题问她好几遍都没有回应。于是，他就去问医生："我该怎么办？"

医生告诉他："你可以试着多喊几次，比如先站在六米远的地方提问，然后站在三米远的地方提问，最后站在她身后提问。"

男人回到家，进门的时候问了一句："亲爱的，今晚吃什么？"没有听到回应。

男人就往前迈了几大步，接着问："亲爱的，今晚吃什么？"依然没有听到回应。

男人失望地走到妻子身后,又一次问道:"亲爱的,今晚吃什么?"

这时候,他听到妻子说:"吃鱼啊!我都回答你三遍了!"

第二个故事其实是一则笑话。

在一次家庭聚餐中,A和B正忙着给面包片涂抹奶油。A说:"我发现了一个规律,如果谁不小心把面包片掉在了地板上,那么一定是抹了奶油的那面着地。"

B摇摇头说:"这是你的错觉,两个面着地的概率应该是一样的。你之所以会有这种错觉,大概是因为奶油着地了更难清理。"

为了证明自己没错,A把手里的面包片扔到了地板上,结果是没抹奶油的那面着地了。

B得意地说:"你看,是错觉吧!"

A则一本正经地纠正道:"不,肯定是有奶油的那面着地!刚才一定是因为我把奶油涂错面了。"

第三个故事更好笑。

一位将军在战场上受伤了,被紧急抬进了医疗室。就在医生准备给将军做手术的时候,旁边的护士突然朝医生开枪了。

现场的所有人都震惊了,开枪的护士则流着眼泪解释说:"对不起医生,你是一个好人,但我是一名卧底,我不能让你救活将军。"

然后,医生在临死之前对护士讲了一句话:"那你直接朝他开枪啊,你杀我干什么?"

这个世界的荒谬之处就在于：聪明人对自己满是疑惑，而傻瓜们却对自己坚信不疑！

人一旦认定自己是对的，就会变得偏执、过分自信，变得听不进意见，并且坚信自己不可能犯错。

所以根本就意识不到自己浅薄的见识得出的结论有多荒谬，也根本看不到自己一意孤行的行为有多滑稽。

即便最后发现错了，遇到挫折和难堪了，很多人都习惯性地怨天尤人，怪环境、怪队友、怪天气、怪运气，就是不去反省自己。

久而久之，你的优点照旧是"知错能改"，缺点却变成了"从来都不觉得自己错了"。

比如，觉得自己是消费者，就把自己当成了"上帝"。去饭店吃饭的时候，服务员稍有疏忽就大喊大叫；点外卖的时候，外卖员迟到了几分钟就要骂人、投诉；出门无论是坐汽车、火车还是飞机，都以为是自己的私人定制，稍有不如意就骂骂咧咧的。

甚至还有人会因为同伴"马上就到了"（实际是迟到了）而冒险去阻拦飞机或火车出发。

比如，觉得是朋友就应该帮帮自己，所以即便是求人帮忙也摆出一副理直气壮的样子。

"你有空玩游戏，怎么就没空帮我写文案？""你有钱买房子，怎么就没钱借我？"对啊，就是因为别人要玩游戏，所以没空帮你写文案；就是因为别人要买房子了，所以没钱借你啊！

又比如，觉得自己是被爱的一方，就觉得对方做什么都是理所应当的。

"因为你喜欢我，你就应该和异性朋友断绝联系"；"因为我是你的女朋友，你就应该时刻照顾好我的情绪"；"因为你爱我，你就应该记得每一个节日和纪念日，并且还应该制造浪漫"。

其实，类似于"因为你喜欢我"的话，其后接任何要求都看似说得通，包括把月亮装进你的书包里、把富士山圈起来给你一个人看……

可问题是，他只是爱你，并不欠你；你只是他的恋人，不是祖宗。

我的建议是，即便是占尽优势，也不要为所欲为。

在有充足的证据表明是别人的错之前，先把错算在自己身上。在问题解决之前，先从自身去找找原因。

生活不是审案子，不必一边出示证据证明自己没错，一边脑补证据指责别人错了。它不需要那么精确的"我对了多少、你错了多少"，需要的是体谅，是尊重，是共进退。

生活的真面目藏在一团迷雾里，看清它确实很难。怕就怕，你把自己困在一个小圈子里，就以为自己看到了全部的风景。

怕就怕，明明是你准备了一个又一个错误的答案，却还去指责生活出了一道又一道的错题。

就像是语文考试，有道成语填空题："一败（ ）地"。

结果你填了"一败（天）地"，还在试题上批注说："老师，题目上的'败'字错了，应该是'拜'。"

好不好笑？

- 2 -

一位心理学家讲过一个特别荒诞的故事。

说是一个女孩的父亲去世了，在葬礼上，她偶然看到了一位风度翩翩的男子，并对其一见钟情。没过多久，女孩的姐姐就被人杀害了。警方缜密侦查之后，终于找到了凶手，竟是这个女孩。

她为什么这么做？

答案居然是，她想要再制造一场葬礼。因为她偏执地认为，只有在葬礼上才能见到那位风度翩翩的男子。

很多人会觉得"这是不可理喻的"，是的，但凡是正常人都会这么觉得。

然而，在我们的现实生活中，类似的毫无逻辑的错误却在频繁出现。

比如，觉得自己都已经道歉了，对方就应该立刻无条件地放下成见，既往不咎。一旦对方没有立刻回应"没关系"，那么就是小心眼、没度量。

可问题是，道歉的意义从来都是"承认自己错了"，是不带任何伪装和条件地对后果负责，而不是"你得原谅我"。

又比如，觉得自己是在为对方着想，对方就应该对自己感激涕零，最好还能言听计从。一旦对方表现出不满或者反对，那么就认为对方是缺心眼、没良心。

可问题是，"为了你好"成立的前提是当事人觉得好，而不是你觉得好。你只是打着"关心"的旗号，实际却是让人闹心。

就像很多人抱着对孩子负责的态度，为了改变他的陋习而恶语相向，甚至是拳打脚踢。孩子挨揍了还得感激他，否则就是逆子，就是自己欠揍。

可问题是，如果痛揍一顿就能改变孩子的想法、行为习惯，那不妨把这么想的人也揍一顿，看他的想法会不会改变。

在道德上胜券在握的感觉固然很好，但这会令人掉入思维的盲区，人就会盲目地认为：自己的想法接近真理，自己的说法等同于事实，自己的做法代表了正义。

就像在小说《乌克兰拖拉机简史》中，父亲禁止女孩化妆时的诡辩："假如所有女子都往脸上涂脂抹粉，想象一下，就不可能再有自然选择这一说了。其不可避免的结果是物种的丑化。你不会愿意让此事发生的，是吧？"

就像病人焦虑地对医生说"你把手术刀落在我的肚子里了"，

而医生却笑着安慰道:"没关系的,我还有一把。"

- 3 -

近期看到的最假的一句话是:"后来终于明白生活中的自己为什么不招人待见了,因为不够虚伪,因为嘴不甜,因为不会拍马屁,因为不会睁眼说瞎话。"

简直了!这还不叫睁眼说瞎话?

你不招人待见,是因为你事实上没有什么拿得出手的优点;是因为你待人处事上没有分寸感;是因为你嘴欠刻薄,坏心眼还多;是因为你暴露了自己教养和品德上的不足;是因为你炫耀了自己根本就不具备的品质或能力;是因为你自命不凡而事实上无足轻重;是因为你忘记了自己也虚伪、虚荣,也拍过马屁但拍在了马脸上,也试过嘴甜但被人拒收了;是因为你睁开眼睛只看得到被美图软件美化过的自己。

都说"被误解是表达者的宿命",但需要补充说明的是,不被认同、不被理解、不被接受不等于"被误解",因为你很有可能在事实和逻辑上就是有问题的。

比如我们经常会听到一些看似正确的"歪理":"你们女人打扮不就是为了给男人看的吗?""一个巴掌拍不响,你不惹他,他怎么会打你?""你要感谢那些伤害你的人,是他们帮助你成长!""你是男的／有钱人，当然该你请客吃饭。""不就开个玩笑嘛，至于这么当真还生气了？"

换句话说，真正困住你的，根本不是职场上的小人、令人讨厌的坏人，以及玩弄权术的别人，而是不断原谅犯了错误的你自己。

真正让你难受的，根本不是那些比你好看、比你有钱、比你有趣、比你外向的人，而是把自己捧成圣人的你自己。

当你觉得别人都不对的时候，那极有可能是你错了；当你觉得所有人都是傻瓜的时候，那多半是你傻到家了。

- 4 -

有个有趣的观点："我们不需要知道电子游戏是什么，它会不会造成近视、会不会让人上瘾。我们只是需要一个'背锅侠'，一个可以掩盖家庭教育失败、学校教育失效的东西。它现在叫游戏，之前是早恋，是偶像，更早之前是武侠小说。"

类似的谬论是："我不管自己说得有多蠢，做得有多荒谬，想法有多幼稚，我只知道自己有一个正义的目标，有高尚的动机，有合理的需求，所以逼你捐款是对的，逼你早婚早育是对的，逼你让座、换座是对的，逼你借钱也是对的。"

这种人的三观已经到了坚不可摧的程度。一旦认定了 3+7=10，所以 10 就只能由 3+7 来完成，2+8 是不对的，1+9 也是可笑的。

他的反应永远是"你的想法太简单了，我早就看穿了一切"；他的结论永远都是"肯定是你不对，我是正确的"；他的心理永远都是"这都怪别人，我是无辜的"。

他哀怨的永远是自己努力的瞬间，根本看不到别人也在熬夜；他看到的永远是自己正义善良的一面，根本意识不到别人也懂仁义道德。

他脑子里永远能清晰地记得别人应该做什么，根本不会想一想自己做了什么；他的价值体系中永远都是别人亏欠自己，根本不会觉得自己做错了什么。

别人抑郁，就不屑地说"屁大点儿事"；别人上进，就笑话他"累得像条狗"；别人贪玩，就轻视他"将来肯定没出息"。遇见地位比自己高的人就怀疑他们的品德，看到地位比自己低的人就蔑视他们的素质。

他替那些功成名就却被爆出家丑的人感到可怜，替那些倾国倾城但还没嫁出去的人感到着急，替那些富可敌国但长得不好看的人感到可惜，然后吃着瓜说，"他们好可怜啊，幸亏我的家丑没有被曝光""她们大概是不会遇到真爱了"，然后，一边"哈哈哈"，一边说"我好无聊"。

反正不管怎样，他都能居高临下，或是心安理得，或是沾沾自喜。

这和鲁迅先生笔下的阿Q简直如出一辙。打架吃了亏,他却安慰自己说:"我总算被儿子打了,现在的世界真不像样……"于是他心满意足了。

概括来说就是:自尊自大又自轻自贱,争强好胜又好逸恶劳,敏感小气又麻木健忘。

事实上,我们每个人都是无知的,只是无知的地方不一样罢了。

向十个人告白,但都被拒绝了,你才知道自己魅力有限,不是别人眼拙;向十家公司投简历,但没有一家理你,你才知道自己的能力有限,不是运气不好。

所以,凡事多一些换位思考:换位做事、换位做人,而不只是指责别人。

你要努力从"正义的使者""智慧的代言人""真理的化身""被迫害者"等自恋的、自怜的角色中走出来,站到自己的对面,变成旁观者,甚至是路人,然后再来审视自己的言行,修正它、调整它、完善它,以期最大程度上接近事实和真相。

虽然大家都是第一次光临人间,但还是希望你能像这是第二次来那样,知道自己第一次来的时候做错了什么。

13 最高级的教养，就是时刻替别人着想

- 1 -

说到教养，我第一个想起来的人是唐半仙。

唐半仙的大名叫唐赠，因为经常被大家喊成"唐僧"，她干脆就自称为"唐半仙"。

她是个很纯粹的人。和小朋友玩的时候，她像个小朋友；和小狗玩的时候，她像只小狗。

她十三岁那年去姑姑家做客，见到四岁的小表弟，别人都是径直过去摸摸他的脑袋、捏捏脸蛋，唐半仙却非常正式地和小表弟握了个手。

当天还发生了一件"大事"，姑姑为了宴请大家就宰了一只自

家养的公鸡，表弟知道了，哭得声嘶力竭，因为这只公鸡是他从小喂大的。就在大人们连哄带吼地让表弟"别再闹了"的时候，唐半仙下楼去买了一只肉鸡，并跟姑姑宰杀的那只做了交换。

然后，她左手拎着鸡，右手牵着小表弟，下楼去找了一个僻静的林子，把公鸡给埋了，还和小表弟一起给公鸡磕头作揖。

有个亲戚问她："只是一个四岁小孩闹情绪而已，你至于搞得这么认真吗？"

她回答道："就算他只有四岁，那也是个有了四年人生经验的小孩，就应该被尊重！"

唐半仙的脑袋很灵活，但她从不把这种聪明劲儿用在损人利己的事情上，而是不动声色地化解尴尬。

有一次，她和几个同学去敬老院做义工，清扫工作完成之后，大家陪着一位老太太打麻将。刚码好，老太太就率先出牌了："三带一！"

"啊？"就在大家都蒙了的时候，唐半仙不动声色地扔出去四张麻将牌："管住。"然后大家默契地用麻将玩起了斗地主。

还有一次是社团活动，十几个人到公园踏青，结果发现附近有个新开的游乐场，门票是一百五十元一位。他们就临时决定去游乐场玩。这时候，有个女生态度坚决地说不去游乐场，并说了好几个听起来很勉强的理由。这时候，唐半仙开口了："我也不想去，那我们俩就在公园里闲逛吧！"

后来大家才知道，不想去的姑娘是因为家境不太好，对于每个月只有四百五十元生活费的她而言，一百五十元的门票显得太过奢侈。

教养是什么呢？就是脸上和心里时时带着尊重，又不轻易被人察觉；就是让别人觉得舒服，同时自己并不觉得委屈；就是放下自己的偏见，用心地体会别人的真实需要和请求。

有教养的人不会把别人的痛苦当成茶余饭后的谈资，然后在微博或者朋友圈里胡乱点评。

不会把镜头和麦克风对准痛苦的当事人，然后一遍一遍地追问细节和感受，一次一次地逼着当事人承认痛苦或者难过。

不会将某某去世的事情用于炒作自己的保健品或者保险产品，然后一边赚着钱，一边抹着泪。说的话倒挺像是在追思逝者，做的事情却像是在赴一场盛宴。

有教养的人在公众场合会注意自己说话的音量，会在家里避免制造多余的噪声，放置书包或者钥匙、关门或者脱鞋、走路或者吃东西的时候总是安安静静的。

有教养的人从来不插队，从来不狡辩，也不会忘记规矩，就算"老弱病残孕专座"在他旁边空着，他也选择站着；就算马上要迟到了，他也会规矩地站在安全线以外的队伍里耐心等候。

他绝不像某些超级差劲的人：自己不美好，还见不得别人好；自己睡不着，还不让别人好好睡觉。

在有教养的人身上，我们会感受到尊重，能看见细节和分寸感，能得到包容和理解。

在缺乏教养的人身上，你的勇敢会被视为"没长脑子"，你的见识会成为"迂腐"，你的机智可能是"卖弄"，你的质朴会成为"土气"，你的温和会被说成"谄媚"。

事实上，一个人越有教养，看到别人身上的优点和难处就越多，看到的世界就越美好；相反，一个人内心越丑陋，看到别人身上的缺点和笑话就越多，看到的世界就越扭曲。

- 2 -

下午见到赵帅时，他正对着手机"嘎嘎"地乐。我问他乐什么，他说中午午睡的时候做了一个挺流氓的梦。我问他怎么流氓了，他继续"嘎嘎"地乐，说不想告诉我。

过了半小时，他的表情从"春光荡漾"切换成了"风雨交加"，然后不安地对我说："老杨，怎么办？我的女神把我拉黑了。"

原来是这样，他的女神在一个群里晒了一张美美的照片，结果这家伙连发两条评论："你的鼻子整过吧？""修图太过头了。"

隔了一会儿，女神回复他："你要是不会说话可以不说。"

他这才意识到说错话了，就赶紧道歉，可很快就发现自己被拉黑了。

赵帅对我说:"你说她是不是早就想拉黑我,所以我说点儿实话就被她拉黑了?"

我笑着说:"你真的想多了,拉黑你这种嘴欠的人,哪里值得她这么处心积虑?"

他又问:"可是,我都道歉了啊!"

我回答道:"既然你单方面'宣战'了,就别想单方面议和。不分青红皂白就批评对方的是你,态度诚恳跑来道歉的也是你;让人难堪的是你,一句对不起就想换来原谅的也是你。你一个人演完《水浒传》又来演《红楼梦》,你考虑过对方的感受吗?"

我想说的是,在别人释怀之前,你说的"对不起"只会让人加倍讨厌你,因为这三个字只是为了衬托你的高尚,凸显别人的狭隘。可问题是,挑事的人是你,最后显得不懂事的却是别人,凭什么?

我还得提醒你一句,但凡是女生非常认真地公开照片,哪怕是做个鬼脸、翻个白眼,哪怕只是个背影,只露一条胳膊,你要么就不评论,要评论就记得挑好听的说,这不是虚伪,而是起码的教养。

你可能不知道的是,为了在朋友圈发一张美美的照片,她有可能特意去洗头、化妆,摆了一堆造型,拍了几十张照片,然后辛苦美化了无数遍,才选出这么几张。结果你一句"修得太明显了",就足以毁掉她一整天的好心情。

多数人的心理都是这样的：如果你说我的照片好看，我就会谦虚地说"没有啦，其实是PS处理的"；但如果你直接说我的照片是修出来的，我就会正儿八经地讨厌你。

类似的还有，如果你夸别人的成绩很优秀，对方就会谦虚地说"只是运气好而已"；但如果你直接说他的好成绩都是因为运气好，那他可能就会反击你："为什么你的运气一直不好？"

不拉黑你这种口无遮拦的人，你大概不会知道：长得很好看的人脾气也很大！

退一百步说，就算你说的那部分是事实，但事实就可以不经当事人允许就昭告天下吗？

退一万步说，就算那照片里只有十分之一是她本人，那就是她本人。就像果汁里只要有十分之一是真的果汁，它就可以对外宣称是果汁。合理合法。

个人建议是，说话还是礼貌一些，毕竟不是谁都是你以为的那么和蔼可亲。

在一个小圈子里聊天，你至少应该做到这样：倾听时不着急辩解，说话时不有意冒犯。

放得开不是你随便评论的理由，低俗趣味不是你乱开笑话的借口，口无遮拦掩饰不了你没教养的特质。

"关系好"不等于"什么都可以说"，"生气"不等于"开不起玩笑"，"我不是故意的"不等于"我没错"，"我没有恶意"不等于

"能够避免产生伤害"。

比如不久前,我就听到了一个不怎么好笑的笑话。

一个女生的包裹被快递员弄丢了,几番交流之后还是没找到,两个人的语气都越来越恶劣。最后,快递员暴怒,在电话里对女生吼道:"我知道你家的地址,你信不信我明天去弄死你?"

女生赶紧挂了电话,然后给快递公司打了投诉电话。结果客服告诉她:"你别往心里去,他就是随便说说,不会真的弄死你。"

事实上,不管你怎么提醒对方"别往心里去",别人听完之后往往只有两种结局:一是往心里去了,二是非常往心里去了。

- 3 -

关于教养,梁文道曾在一次演讲中举过一个例子:

假如有人说"某某真了不起,活得像陶渊明一样",他的意思是:"某某像个品行高洁的隐士。"

第一种没教养的人是学识不够的人,他会打断别人的讲话,然后当众发问:"陶渊明是谁?"

第二种没教养的人会嘲笑发问的人:"天哪,你居然连陶渊明都不认识。"

第三种没教养的人则会炫耀自己。他会当众说出陶渊明的生平、事迹,然后背诵几句陶渊明的诗词。

而有教养的人则会继续之前的谈话，倘若与提问的人关系不错，他会私下跟他聊聊陶渊明是谁。

有教养的人会忽略一些外人对自己言过其实的赞美，同时也会隐藏一些自己对别人过于苛刻的要求。

当别人犯错时，他不会利用别人的错误来卖弄自己的见识。

当别人需要帮忙时，他不会因此来"卖弄"自己的优越感。

如果是送礼物给生活上有短缺的朋友，他的姿态会放得很低，以确保不会伤人；如果是给生活富足的朋友送礼物，他的姿态会放得很平，这样才不会让人觉得他是在讨好谁。

不管是送，还是帮，他都会帮对方把面子做足，不轻视、不倨傲，事后也不夸夸其谈。

如果是朋友聚会，就算他能言善辩，也乐于倾听；如果有人被大家无视了，他就会主动去接话，不会让这个人觉得自己是多余的。

教养不是你一个人高高在上，而是你用自己的方式来让别人觉得："嗯，这个世界还是不错的。"

如果"礼物"或者"帮助"会让别人觉得"自卑"，如果"聚会"和"交流"会让别人觉得"被孤立了"，那么社交就失去了它原本的意义。

但我们身边总是会有这样的人：你要说他对你抱有多大的恶

意,似乎又谈不上;你要说他是故意找你麻烦,似乎也不算;但是,他们就像苍蝇一样抓着你脑中最难受的那根弦吹拉弹唱,不停地把你推向崩溃的边缘。

要么是揪着你的缺点和短板不松口,动不动就给你取外号、开玩笑,要么是故意去孤立、鄙视甚至羞辱你。

更糟糕的是,羞辱别人的人,往往不觉得自己很过分,而那个被羞辱的人,却会刻骨铭心一辈子!

我想说的是,在了解到实情之前,在搞清楚利害关系之前,不要动不动就给人扣上一顶难看的帽子,不要动不动就想扮演"拯救者"。

你不知道的是,一句轻描淡写的指责可能会成为压垮情绪的最后那根稻草,一个看似玩笑的评论可能就是轻轻一推的多米诺骨牌。

嗯,别学会了说话,就忘记了做人。

最丑陋的人就是时刻想要打压别人的人,他无时无刻不在找碴儿,自然就成了事妈;而最有教养的人就是时刻替别人着想的人,因为时时刻刻都在要求自己,自然就能赢得尊重。

所以,对你身边体重偏重、朋友偏少、成绩偏差的人友善一点儿,对你身边少言寡语、极度敏感的人主动一点儿,对你遇到的收入微薄、职业辛苦的人礼貌一点儿……

这些人可能花费了巨大的勇气才敢把自己放进一个人多嘴杂的圈子里，非常努力地想要变好，所以你的一个微笑、一句问候、一次短暂的交谈，对他们来说都是意义重大的事。

不论什么关系、什么场合，请切记：出言有尺，嬉闹有度，做事有余，说话有德。共勉。

14 静坐常思己过,闲谈莫论人非

- 1 -

一天下午,我发了条朋友圈:"仔细想一想,世界还是蛮好笑的。单身的人教恋爱的人如何谈恋爱,未婚未育的人教已婚已育的人育儿技巧,不成功的人教成功的人成功的方法。啧啧啧。"

不一会儿,梅小姐就给我发私信了,说她就是这样——单身多年却经常教闺密如何谈恋爱,可就在昨天,闺密却和她绝交了。

闺密最后一句话是:"我谈恋爱这么失败,全都怪你!"

梅小姐说:"我真的想不通,她谈恋爱的时候吵架了,我一心一意地维护她,整日整夜地陪着她,甚至还帮她打电话骂她的男朋友。她现在分手了,居然怪到我头上。"

她不理解闺密为什么突然变得这么没良心,也想不通闺密是什么时候开始讨厌她的。

我问梅小姐:"闺密找你吐槽男朋友的时候,你是不是总劝她分手?是不是还帮她揪出对方的缺点有多少?帮她分析男朋友的哪些行为出格了,哪些事情做得不够好?"

她说:"是啊,那个男生很不靠谱,说话做事都非常幼稚,经常伤害到她,他们早晚会分的,我这么做都是为了她好。"

我说:"我知道你是为了她好,但是你可能忘了,你自己是个长年单身的人。在感情的世界里,你就是个新兵蛋子,凭什么教她在爱情的战场上冲锋陷阵?对她来说,你是个树洞,树洞怎么能讲那么多话呢?"

她向你抱怨,很可能是甜蜜的负担,很可能是幸福的烦恼,很可能是偶尔的情绪作祟,很可能只是一时嘴硬。

她只是需要一个树洞,把自己的糟心感受说出来,不用你来添油加醋,更不需要你来当人生导师。

至于对方是不是渣男,某个行为该不该原谅,这段感情值不值得维系,这些都是他们俩的事情。

而且非常有可能,在她向你倾诉的时候,其实她的心里早就有了答案。

可能是你说她男朋友坏话的时候,她就对你有意见了,哪怕她当时正在生男朋友的气；可能是你帮她翻旧账的时候，她就不那么喜欢你了，哪怕是她跟你说"我想和他分手"；可能是你劝她"别那么小心眼"的时候，她已经觉得你说得太过分了，哪怕是她主动来找你谈心的。

嗯，没有谁是突然不喜欢你的，只是你突然知道而已。

你卖力劝和，如果他们真的和好了，那也没你什么事；如果他们分手了，那你就相当于把她往火坑里推的人。

你卖力劝分，如果他们和好了，那留给你的就是尴尬；如果他们真的分了，那你就是破坏他们感情的罪魁祸首。

再说了，如果她真的分了，你能负责给她发一个男朋友吗？

个人建议是，多倾听，多陪伴，少帮她做总结，少帮她翻旧账。

你只需要让她知道，你和她是一伙的，不论她做什么决定，你都会支持她，这就够了。

同样的道理：

如果有人问你，该留在家乡还是去远方，你不必鼓吹远方有多少诗意，也不必渲染家乡有多少温情。如果你有能力，就跟他分析一下两者的利害关系，然后把选择权交给他自己。

如果有人对某段恋情很执着，你不要三天两头地劝他算了，然后说什么"强扭的瓜不甜"。你该明白：他就是想扭扭看，根本不在乎甜不甜。

如果有人痴迷于赚钱,你不要假装清高地提醒他金钱太俗,然后说什么"有钱不等于幸福"。你要搞清楚:他只想有钱了再说。

怕就怕:

亲戚找你帮忙给他家的孩子介绍工作,你在繁忙的工作之余为他搜罗整理了大量的资料,又是指导,又是建议,最后他却因为能力不足、资质不够而未被录用,结果亲戚到处说你办事不力。

朋友向你咨询健身的问题,你用自己宝贵的休息时间向他逐一介绍器械的使用技巧,以及健身的种种好处。结果他花大价钱办了健身卡,却只去过一次健身房,最后见到你就说:"被你骗了,办健身卡纯属浪费钱。"

同事向你咨询某款理财产品,你多方求证,给出了"风险太高"的结论。可他根本就没听,等钱都打了水漂,却跑来向你抱怨:"你当时为什么不拼死拦着我?"

人性就是这样:如果事情变好了,他就会把功劳算在自己的智慧、努力或者运气上;但如果事情搞砸了,那这口大黑锅就肯定是由你来背!

对于这样的人,我只想说:如果你在某天的某时某刻讨厌我了,请千万不要藏着掖着,不管是当面对我翻白眼,还是当场反驳我、当面制止我,又或者是长期不理我,甚至是干脆拉黑我,请一定要让我知道。不然的话,我总以为你是我的好朋友,以为自己卖力去做的都是你在意的事情，以为自己浪费的时间和睡眠都很有意义。

- 2 -

你一定有过这样的经历。

当时的你很难过，很沮丧，甚至还流了几滴眼泪。你特别希望找个人聊聊天，但翻遍了通讯录，却找不出合适的聊天对象。于是，你憋出了几句很丧的话，配了几张很丧的图，发了一条很丧的朋友圈。

你本意是希望借此宣泄情绪，是想被人关心一下，结果偏偏来了一个"打鸡血的"。

你这边正躲在墙角哭，他却在手机里一遍一遍地喊你"站起来"，说的都是激动人心的口号："不能哭，明天会更好""别放弃，人定胜天""别松懈，天道酬勤"……

可是，你没说自己不努力，你只是在那一刻很丧，只是想丧一会儿，可在他看来，你在堕落。

于是，问题变质了：因为他想当拯救者，所以你自然而然就变成了"有毛病"的人。

类似的还有，你累得快要趴下的时候，随手转发了一篇为自己鼓劲儿的励志文章。结果来了一个唱反调的人。

他先是嘲笑了你的愚昧和幼稚，然后跟你说鸡汤文章的诸多不是，比如没有逻辑、充满欺骗性、成功案例不可复制，等等。可他根本就不知道你经历了怎样的内心纠葛，又是怎样机缘巧合才通过这篇文章避免了崩溃。

他不知道濒临绝境的你当时的心情，也不愿意花一点儿时间来问问你需要什么。他只是用居高临下的姿势来告诉你什么叫"聪明"，然后以为这就是"关心"。

还有一种人简直叫人失望。

他明明知道你很悲伤，不关心也就算了，还兴高采烈地玩着游戏，甚至是低声地哼着歌；你把心事一点一点地说给他听，他却不咸不淡地回应着。

他永远不会在乎你的真实感受。你掏心掏肺地跟他说了一堆糟心事，他却跑来问你："我的鞋子好不好看？""我新剪的发型酷不酷？""你觉得我和某某某有可能在一起吗？"

他快乐的时候，就恨不得嚷嚷得让全世界知道；你快乐的时候，他却恨不得要把你的嘴巴缝上。

他沮丧的时候，恨不得把你的耳朵拴在他的嘴巴上；而你沮丧的时候，他却像是聋了、瞎了。

这时候，希望你也不要太伤心。人与人交往要有底线：值得的人真心相待不辜负，不值得的人一笑而过不多说。

别跟他斤斤计较，也别跟他算账，就当是不小心吃到了苍蝇，别嚼就是了。

慢慢你就会发现，"呵呵"是二十一世纪最伟大的发明。

- 3 -

再说两个好玩的故事。

第一个是笑话。有三个人通过了第一轮的工作面试，被通知上二十七楼去见大老板。进电梯之后，其中一个人在电梯里跑步，一个人在电梯里撞墙，一个人在电梯里唱歌。

最后这三个人都被录用了。

结果是：跑步的人认为是跑步让自己录用的，撞墙的人认为是撞墙让自己录用的，唱歌的人认为是唱歌让自己录用的。

第二个故事接近现实。A 和 B 是同一个寝室的在读研究生，经济上并不宽裕。有一次，通过朋友的关系，他们俩都免费拿到了两张价值两千元的一场总决赛球赛门票。

A 约了一个好朋友和他一起看球，度过了一个愉快的周末。B 则是在网上把两张票卖掉了，发了一笔小财。

结果是：他们俩都认为对方的行为很愚蠢。B 理解不了"A 怎么觉得自己消费得起这么贵的球票"，而 A 理解不了"B 怎么就意识不到这两张票是免费的"。

你看，多数人都认为自己是对的，都不理解别人的选择。所以，即便真的有人在闭门思过，思的也往往是别人的错！

换句话说，蒙蔽我们双眼的不都是假象，还有可能是执念，是偏见。

比如，你认定了班里那个长得好看的女生是那种不好的人，那么在你看来，她说话的声音就难免轻浮，她的谈吐就难免庸俗，和她打交道的人就难免道德败坏。

你认定了在路口指挥交通的大妈是个喜欢找碴儿的人，那么当你在等红绿灯时，听到她对你大喊大叫，你根本就想不到，她喊你，仅仅是想告诉你："天气太热了，去大伞下面躲一躲。"

你认定了"评优名单"有问题，那么就算把评比的规则、标准、材料统统摆在你面前，你还是会觉得"这里面肯定有猫腻"。

你发自内心地反感某个人，那么就算他天天做慈善，你听到他的名字依然会觉得难受，甚至连他喜欢的汽车品牌和衣服风格都一起讨厌了，甚至连跟他喜欢同一个明星都觉得是一种耻辱。

人一旦认定了某件事，想法就会变得片面而且固执。

就好比说，麻雀看到老鹰在云端翱翔，心里想的是："飞那么高不累吗？掉下来可就惨了。"

就好比说，蜗牛看到羚羊一路狂飙，于是低声叹息："早晚会死的，着什么急啊？"

就好比说，青蛙听说大麻哈鱼逆流而上，于是咧着嘴巴笑："哈哈，真是水产界的白痴。"

所以，我几乎不会跟人争辩"读那么多书有什么用""怎么有人三十岁了还不结婚""有些人为什么那么崇拜外国货""他那么有钱为什么捐那么少"之类的问题。

也不会回答"为什么我瞧不起那些哗众取宠的人""为什么有些人总是显得那么蠢""为什么每次受伤的总是我"这样的问题。

如果有人偏要打破砂锅问到底，我就会很明确地告诉他："不好意思，就聊到这儿吧，我的手机只有百分之九十九的电了。"

15 手里拿着锤子的人，看谁都像钉子

- 1 -

鸽子小姐跟我抱怨，说她的室友是个"杠精"，而且成天找她"杠"。只要她在寝室里说话了，那个人就条件反射式地质疑，然后反驳。小到食堂里的菜好不好吃，老师讲的课好不好懂，大到美国该不该发动伊拉克战争，她轻轻松松就能把一次茶余饭后的闲聊变成一场不欢而散的争吵。

她举了一个非常"噎人"的例子。大致是说，她吃饭从来不吧唧嘴，也不介意别人吃饭吧唧嘴。

而她的这位室友却喜欢吧唧嘴。神奇的是，室友居然介意鸽子小姐吃饭不吧唧嘴，还曾经非常明确地告诉她："我真的特别不喜

欢你,因为你特别矫情,吃饭都不吧唧嘴。"

鸽子小姐说:"我感觉她就是在故意跟我唱反调,总是找一堆歪理想要打压我,可是根本就没有一条是站得住脚的。"讲到这儿的时候,她深深地叹了一口气,眉头锁得紧紧的,像是刚从一场噩梦中醒来。她接着说:"可是,就算我逐条指出她哪里错了,她依然是一副神气十足的样子,然后再说一些新的歪理来证明自己的观点,振振有词,就像她是个胜利者。真是气死我了。"

我说:"她很有可能就是讨厌你这个人而已,所以处处针对你。另外还有一种可能是,她习惯了在气势上打压别人,而不是在道理上说服别人。所以,当她在道理上处于劣势的情况下,要想取得胜利,就只能'耍流氓'了。结果是,你觉得自己有一肚子的正义,而她却依然觉得自己赢了。"

我补充说:"当然了,你也应该好好反省一下自己,比如是不是自己的话太多了,以至于忽视了别人的感受;如果不是,那你就应该问问自己为什么要配合她,为什么要跟她争论个没完。"

你想要讨论的是某个问题的真相和本质,而她只是想要这场对话的胜利;你捍卫的是逻辑,她玩的是心情,根本就不是一回事。

就像是,两个人准备切磋切磋,你以为是赤手空拳的比画,是点到为止的游戏,结果对方从腰间掏出了一把枪。

你还摆什么造型,讲什么道义?跑啊,赶紧跑啊,保命要紧啊!

反正我这么多年的生活经验是：总是想要在言语上胜过别人的人，都不是什么好人。

有益的争辩是互相交换意见，辨明道理，然后双方能够心平气和地结束讨论；而无用的争辩则是各执一词，互相蔑视，结果是互相浪费表情，不欢而散。

无用的争辩常常是这样的：一上来就否定，"你这不对，你那不懂"，然后找一些毫无说服力的证据，"我不这样，我认识的人也不这样"；后来发展成为"我觉得你有的地方说错了""我看不惯你误导别人"；再发展成"你太嚣张了，我看不下去了""我想表达出强烈不满，但是不想被当作无理取闹"；最后则陷入了"谁说最后一句谁就赢了"和"谁先逃跑谁就输了"的怪圈。

到这时，实质上争论的已不是具体问题的对错，而只是为了维护自己的立场和自尊心。所以双方并不在意自己的论据是否正确、逻辑是否合理，只是想尽一切办法证明对方错了。

这样的争论就彻底失去了探讨的意义。因为即使对方知道你说的是对的，嘴上也不会承认的；即便嘴上承认了，心里也是"呵呵"。

人性的卑劣就在于此：如果某个错误是自己发现的，他还有可能会去改变；但如果某个错误是别人当众指出来的，他就倾向于"将错误进行到底"。

所以我有一个描述得不太文雅的建议：对于那些凡事都想赢的

人，建议你宽容一点儿。因为他一旦给出了"屎很好吃"的结论，那么不论你怎么解释、怎么证明，他都不会承认自己错了，反倒还会引经据典地证明"屎很好吃"。

如果你继续跟他争辩下去，他就真有可能抓着屎往嘴里塞，然后面目狰狞地对你说："你看，我都吃了，我就是觉得屎很好吃。"

为了证明自己是对的，某些人会格外拼命，甚至不惜搭上人品和道德。

- 2 -

我一直认为自己是个情绪非常稳定的人，直到在微博上遇到一个喷子。

他的第一句话是："你写的都是什么垃圾文章？"

我本来是不想回复的，但是一看都到了"垃圾"的程度，就问了一句："如果我文章里有什么地方写得不对，欢迎指出来。"

结果他说："这种垃圾书谁看得下去啊！我只喜欢尼采写的哲学，还有卡夫卡写的小说。像你写的这种垃圾书，我不屑于看。"

我说："你都没看过我写的书，为什么觉得垃圾呢？"

他说："你们写书的人多数都是垃圾，写的书当然也是垃圾，根本就不用看。你该多学学尼采的逻辑和卡夫卡的表现主义，少出垃圾书！"

我彻底被他激怒了，然后绞尽脑汁敲出了一段毫无逻辑的回击文字，但在发送之前，被自己气笑了。因为我突然意识到自己也变成了一个喷子。

我删掉了回击对方的文字，收回了想要与其互喷的念头。虽然理性让我放弃了一场无聊的争辩，但心里还是会觉得很不舒服。

很显然，我高估了自己控制情绪的能力，也低估了喷子的破坏力。但我同时意识到，如果调动自己所有的精力和喷子开战，那么我必败无疑，因为对方在这方面显然是个作战经验丰富的高手。

当天，我发了一条微博："不喜欢就不喜欢呗，不用告诉我怎么样才能让你满意。我是写书的，不是捏脚的。"

这个世界有一个很让人讨厌却也让人无奈的规则，那就是"喷子无罪"。

比如你在路上被人骂了，你冲过去把他的头打破了，或者把他踹出了内伤，那么你就得承担法律责任，而骂人的人反倒成了受到法律和规则保护的受害者。

更烦人的是，喷子不需要逻辑，也不需要证据，而是擅长将自己脑补出来的事情凌驾于客观事实之上。

他们只是看到了事实的五分之一，只理解了其中的十分之一，而且没有思考，却做出了数百倍的剧烈反应。

他们只是习惯了攻击别人，就像习惯了随地吐痰一样。

一篇文章看了个开头就开始泼脏水，一段视频看了三秒钟就开始恶意抨击，又或者是一句话、一张图片不对他口味就信口开河地骂。不管认不认识，不管占不占理，不管理不理解，更不管当事人有何感想，他们只想表明自己"到此一游"了，然后在你的心里放下一块添堵的石头。

可是，当你诚惶诚恐地想要跟他讨教的时候，却发现他要么早就销声匿迹了，要么就纯粹是一个满世界开战的情绪恐怖分子。

在网络的掩护下，他们肆无忌惮地把人性中最阴暗的一面呈现了出来，然后大肆发表毫无逻辑的歪理、毫无证据的谣言。

比如，他讨厌某个明星，那么只要影视剧里有这个人，他们的第一反应就是给差评，不管看没看过作品，先抹黑了再说。

比如，看到有人想跳楼自杀，他们不想着怎么报警救人，反倒是恶毒地喊："你倒是跳啊，吓唬谁呢？"

比如，听说了女生被猥亵，他们的第一反应永远是"一定是这女的穿着太暴露了"；听说学生被同龄人欺负，他们就冷嘲热讽地说："这学生长得就欠揍。"

对付喷子，最好的策略是"算了"。你抽一鞭子，他抽一鞭子，糟糕的情绪就会像陀螺一样，永远不会停下来。

喷子骂人无非是为了吸引你，然后激怒你，这是他们在悲惨的现实中、失败的生活中寻找存在感的重要途径。

所以，你越理他，他就越兴奋；你越生气，他就越快乐。你和他对骂，就是在给他打鸡血；就连拉黑他，都能让他觉得自己很有价值。

关于喷子，郭德纲有个段子说得很透彻：

我和科学家说："你那火箭用的液体燃料不行，我觉得应该烧柴，最好是烧煤。煤还得选精煤，水洗煤不行。"

如果这时候，科学家拿正眼看了我一眼，那科学家就输了。

不如就把战场留给喷子一个人自由发挥，你要快马加鞭去更好的地方游山玩水。对付喷子，无视才是最狠的回击。

如果对每只向你乱叫的狗都停下来扔石头，那么你永远到不了目的地。

- 3 -

我最喜欢的作家之一王蒙曾写过一篇名为《雄辩症》的文章。

大意是一位患了雄辩症的病人去看医生，医生非常礼貌地对病人说："请坐。"

病人却很不高兴地回应："我为什么要坐？难道你要剥夺我的不坐权吗？"

医生无可奈何，倒了一杯水，说："请喝水吧。"

病人说："这样谈问题是片面的，因而是荒谬的。并不是所有的水都能喝，例如你如果在水里搀上氰化钾，这水就绝对不能喝。"

医生说："我这里并没有放毒药嘛。你放心！"

病人说："谁说你放毒药了呢？难道我诬告你放了毒药？难道

检察院起诉书上说你放了毒药？我没说你放毒药，而你说我说你放了毒药，你这才是放了比毒药还毒的毒药！"

医生毫无办法，便叹了口气，换一个话题说："今天天气不错。"

病人说："纯粹胡说八道！你这里天气不错，并不等于全世界在今天都是好天气，例如北极，今天天气就很坏，刮着大风，漫漫长夜，冰山正在撞击……"

医生忍不住反驳说："我们这里并不是北极嘛。"

病人说："但你不应该否认北极的存在。你否认北极的存在，就是歪曲事实真相，就是别有用心。"

医生说："你走吧。"

病人说："你无权命令我走。这是医院，不是公安机关，你不可能逮捕我，你不可能枪毙我。"

残酷的现实是：瞎猫不见得总能碰到死耗子，但秀才常常遇见兵。

肯定一件事情需要逻辑和证据，但否定只需要一句"反正我就是觉得你不对"。

爱争辩的人往往都是好胜心强而心胸又不够豁达的人。他们一直活在自己的世界里，早就习惯了别人的包容和忍耐，以至于凡事都以自我为中心，会本能地去反驳一切，甚至根本不加思考。

遇到这样的人，千万不要较真，也别想证明什么，躲开就好了。

就像有人跟一个秀才说"三七等于二十八",秀才非要纠正对方说"三七等于二十一",结果吵到了公堂上,县太爷给出的裁定是:"将秀才重打二十大板。"理由是:"他都说三七二十八了,你还跟这种人争辩,只能说明你更糊涂,不打你打谁!"

是的,有些人的见识只有一个巴掌那么大,那就别强迫自己跟他说明白江河湖海的事情。

我的建议是,如果你发现了和对方不在同一个层次上,就不要硬聊了,也不用勉强自己和他做朋友,隔着一个西天取经的距离还能觉得对方有些神秘感,反倒舒心。何必要费力跑到对方的眼皮底下,彼此说着斗气的话,然后你看他不爽,他看你不爽呢?

这样做的后果往往是,一个人觉得自己说得非常有道理,而另一个人会觉得非常烦。

任何交谈,如果没有对基本事实的认同,就没有继续对话的必要性。因为双方都停留在各自脑补的"事实"上,注定了会越聊越偏。

借金星的一句话说就是:"只管自己往前走。等你走到山顶了,他们还在山底嘴碎个不停。你享受日出日落的美丽景色,他们享受他们的唾沫星子,根本伤害不到你。"

同样重要的还有,不要幻想那些因为误解而攻击你的人在发现真相之后,能够良心发现地向你道歉。不会的。他们只会更加挑剔你,直到发现你的破绽和缺陷,然后再次攻击你,以此来表明:

"我对这个人的所有攻击都是基于事实的。"

所以,逃吧。

如果对方因此认定了你是个大笨蛋,那你就好好地在他面前演个大笨蛋,反正闲着也是闲着,逗他玩呗!

- 4 -

哦,对了,还有一个很好玩的事情。

如果你有微博,而且闲得慌,就可以在各种热点事件的评论区看到很多"奇葩"。这时候,点开他们的微博,大致了解一下喷子的生活,你就会发现,没几个是混得好的。

他们共同证明了一个规律:但凡是喜欢评论别人的人,其生活的糟糕程度和他喷人的激烈程度,几乎是成正比的。

16 如果要做圣母，请先以身作则

- 1 -

古时候，药店门口会挂着这样的对联："但求世间无疾苦，何妨架上药生尘。"翻译成大白话就是在说："只要你们一个个都能健健康康的，我这药店不做生意也无所谓。"

现在的药店门前则会用大喇叭循环播报："会员优惠日，第二盒半价。"乍一听会以为卖的不是药，是甜筒。

那么，是不是古代的药店就比现在的药店高尚？是不是我们就有资格去要求一个合法经营、自负盈亏的药店也像古人那样"不吵不闹不炫耀"？

当然不是！

在这个自顾不暇的年代，我们只能严格要求自己，而不是理直气壮地去强迫别人；我们只能尽自己所能去造就一个清白、干净的人间，而不是强迫别人纯良和无私。

最可笑的莫过于，要求这个世界纤尘不染的人，他自己却是肮脏不堪的！

- 2 -

先说一个叫人伤心的真事。

故事的主人翁叫简稚澄，是一名女兽医。因为喜爱小动物，从兽医系毕业之后，她选择在一家流浪动物收容所工作，这一干就是七年。

在开始工作的第一天，她知道了一个从未出现在课堂上的骇人真相：收容所不仅要收养、救治小动物，还要为一部分长期无人领养的小动物安乐死。

她最初非常不理解：为什么本该是流浪小动物生命守护神的兽医，却要扮演剥夺它们生命的死神的角色？

直到她慢慢发现，仅仅三个月的时间，收容所就收到了一千七百多只被人弃养的小动物。而她所在的收容所仅仅能收养三百只小动物。如果小动物常年被关在拥挤的空间内，不仅得不到很好的照顾和救治，而且还会增加小动物互相撕咬和交叉感染的概率。

与此同时，收容所极其有限的人力、物力和财力都难以支撑严重超员的局面。也就是说，收容的小动物超员越多，它们的生存环境就会越恶劣。因此，将小动物处以安乐死是不得已而为之的办法。

第一次在前辈的带领下把致命针管扎进小猫体内时，简稚澄哭了一整晚。之后，她开始拼命工作，给收养来的小动物精心美容、拍照，然后发布到网络上，不遗余力地宣传"领养代替购买"，以期为这些小动物找到新主人，然而收效甚微。因为被人领养的动物数量远远小于被人弃养的数量。

摆在她面前有两个选择：要么离开这里，换一份舒心的工作；要么自己动手，狠心地送它们上路。

她选择了后者。在她看来，不是她，就是别人，总得有人来做这件残忍的事情。既然如此，不如自己来，至少能让它们走得很安详。

于是，她每周都会和同事一起，给那些上了"安乐名单"的小动物加餐，带它们玩耍，最后再把它们抱上手术台……她甚至还在收容所里竖了一块"兽魂碑"，以便为逝去的动物们祈祷。两年多的时间，她送走了七百多只无人认领的小动物。

后来，有人在网上披露了这件事。一时间，讨伐和咒骂声铺天盖地。有人叫她"女屠夫"，质问她怎么就下得了手。有人喊她

"冷血刽子手",质问她为什么丧尽天良。

她做出过澄清,也用力地解释了为什么要执行安乐死,可根本没有多少人听她的苦衷和迫不得已,网络上的讨伐声不减反增。

最后,刚刚结婚度完蜜月的简稚澄因无法承受巨大的压力,独自用给动物安乐死的药,结束了三十二岁的年轻生命。

在遗书中,简稚澄写道:"生命并没有什么不同!"她选择了和那些小动物一样的死法,想用死亡来让世人明白:人类的生命和那些动物的生命没什么不同。

没有谁比她更爱那些小动物了,也没有谁比她更尊重那些可怜的生命了,更没有谁承受过她"下毒手"时所承受的痛苦。可那些什么力气都没出过、什么痛苦都没受过的"爱心人士"却根据自己的好恶和想象,站在道德的高地上对她狂轰滥炸。

可真相是:杀死这些小动物的不是女兽医,而是那些弃养它们的人;杀死女兽医的也不是毒药,而是口水。

我想说的是,如果你真像你表现得那么善良,就请你善待你家的小动物,做一个有责任心的"铲屎官",护其一生周全。然后用心去劝告你身边的人,不要轻易抛弃小动物,因为"弃养"差不多就是"送它去死"。

如果你真想为那些小动物做点儿什么,你可以慷慨地提供财力、物力、人力上的帮助,哪怕是关注着然后默默鼓掌,哪怕是没有能力帮忙但尽力让更多的人知道这些被弃养的小动物的存在,而不是用你那廉价的正义去刺伤那些正在为此努力的人。

不要总想着用自己的正义去打败别人的正义！

只有当你功成名就、身边堆满了各种诱惑却依然能够坐怀不乱的时候，才有资格说自己是个"老实人"。

只有当你做到了以身作则，在见识了诸多乱象之后却仍能保持善良的时候，才有资格说自己是个"好人"。

换句话说，发现别人的不完美，然后指责别人不够无私和高尚，其实并没什么值得骄傲的。但是，如果你能发现自己能力上的不足、思想上的卑劣，倒是挺值得表扬的。

己所不欲，勿施于人；己所不能，勿责于人。满口仁义道德的人未必真的能做到，不提真善美的人也未必就没有。

生在人世间，其实每个人每天都在参加各种各样的"道德考试"，有人零分，有人五十九分，有人八十分，也有人九十九分……这些都很正常。

可是，总有那么一小撮人，不管他自己得了几分，总能理直气壮地指责别人："你为什么没有得满分？"这种人傲娇的程度，对应的是他愚昧的程度！

敢问一句：你站在道德的高地上，不觉得冷吗？

- 3 -

有个做代购的大二女生跟我说，她的口红被一个室友拆封了，还用过两次，但室友不舍得花钱买，还解释说"就是想试试看"。当做代购的女生去找这位室友索要赔偿的时候，居然被全寝室的人排挤，说她小家子气，劝她"注意维护集体的团结"。

她愤愤地说："口红放在我的抽屉里，抽屉是关上的。我没有在她们面前炫耀，更没有允许她们擅自使用。她们每天过着追剧、打游戏、购物的美好生活，根本就看不到我做代购有多辛苦。她们也不知道买这两支口红的钱我需要花一两个星期的时间才能赚回来，现在居然要求我大方，还指责我小气。你觉得我错了吗？"

我回复她说："你没错，而且你的要求合情合理。如果室友们真心大方，可以帮她付账，而不是要求你大方。"

没有下限的那种大方，没有也行；全员都不讲原则的集体主义，不要也罢。

有个年轻的外科医生跟我说，他拒绝了为一位艾滋病携带者做手术，结果被一群人问候了祖宗十八代。

他说："每个医生都曾以希波克拉底之名起誓，肯定是愿意救死扶伤的。但是，医生除了是医生，也是父母的子女、儿女的父母，和普通人没什么差别。在面临手一滑就有可能丧命的危险时，难道就不能胆怯吗？"

大概是怕我不理解，他解释了一下做这类手术的危险性："做手术的时候切到自己的手是很高概率的事情，而且不论是什么级别的防范措施，锋利的手术刀都能轻易地切开。所以，在没有足够的设备和经验的前提下，给艾滋病携带者做手术，其危险性不亚于跳进有鲨鱼的泳池里游一圈。"

他说："在我们医院，事实就是做这类手术的硬件条件不足，而我本人也没有做这类手术的经验。但是病人和不了解情况的人根本不管这些，只是觉得医生的天职就是救死扶伤。你觉得我错了吗？"

我回复他说："你没做错什么。救死扶伤是医生的天职，但送死不是。"

我们都是受过教育的人，既理解高尚的含义，也赞扬高尚的行为，但不能用道德来要求他人高尚。

要请人帮忙，就要站在对方的立场上思考问题。否则的话，那就不是"请求"，而是"威胁"。

世界上最招人烦的一类人是：他连事情的前因后果、利害关系都没弄明白，就跑出去要求别人大方、高尚，或者慷慨。

爱道德绑架他人的人有一个非常普遍的特点是：慷他人之慨。

敢说"你们有钱人怎么不把钱捐出来做慈善"的人，自己很可能是一个一毛不拔、身无分文的穷光蛋。

爱说"你真是浪费，买那么贵的东西，它们和我买的便宜货有什么区别"的人,自己很可能没有用过她鄙夷的"贵东西"。

总说"大妈跳广场舞太正常了"的人,高音喇叭很可能不是摆在他家门口。

劝你"别跟小孩子一般见识"的人,被摔坏了的玩具和摆件不是他花钱买的。

喜欢说"因为你是……,所以就应该奋不顾身"的人,自己并不需要承担风险。

所以,你只需做好两件事就够了:知道什么是对的,然后坚定地去做;知道什么是更好的,但不强迫别人去选。

葡萄吃到嘴里了,才有资格说它是酸的;设身处地替人着想了,才有资格说感同身受。

不是早就有人说了吗?道德用于自律时,好过一切法律;道德用于律人时,坏过一切私刑。

都是幼儿园毕业才十多年的小朋友,谁还不会卖个萌?
来,跟我一起说:"不听不听,王八念经!"

- 4 -

想起一个问卷调查,是关于艾滋病的常识问答。

调查的结果显示,百分之九十五以上的人都能答对问题,知道艾滋病不会通过空气传播，但在最后，当被问到"是否愿意和艾滋病感染者一起学习或者工作"的问题时，百分之九十以上的人选择了"不愿意"。

我可以理解，恐惧不代表歧视，但想提醒你的是，谁都会恐惧，不只是你。

在现实生活中，很多人往往是用圣人的标准来要求别人，用小人的标准来"规范"自己。

什么叫有道德？私以为：一、不做假好人，二、不做伪君子，才配叫有道德。

什么叫假好人？就是自己解决问题的行为、态度和方式都极其荒诞可笑，却还跳出来指责受害人的种种不是。

什么叫伪君子？就是当事实对自己有利，就强调事实；当法律对自己有利，就援引法律；当道德对自己有利，就鼓吹道德；以上对自己都不利，就敲桌子。

这就好比说，你不小心掉进了水里，而且还不会游泳，结果站在岸边的人不仅不来帮你，还无比平静地对你说："如果你不乱动的话，早晚会浮起来的。"

他才不会在乎你是一个快要溺水身亡的人！

所以，对付那些逼着你做圣人的人，请背熟这副"著名"的对联吧。

上联是：忍一时风平浪静，你咋不忍？
下联是：退一步海阔天空，凭啥我退？
横批是：请你闭嘴。

- 5 -

劝服别人最有效的方式不是武力威胁，更不是道德绑架，而是坚持做你自己认为正确的事情；贯彻正义最重要的条件不是嗓门大，更不是道德高尚，而是自己变强大。

正如作家苏岑所说："如果你是菩萨心肠，就必须得有狮子的力量。唯此才能保护至亲，不被欺负，赚钱养家。不然你脾气那么好，在别人眼里就是没骨头。所以佛家既有笑到发癫的弥勒，也有手持降魔杵的韦驮。没有金刚之怒，不见菩萨慈悲。"

所以，不要一头扎进舆论的洪流中，在这个一不小心就成了"炮灰"的年代里，自己要求自己，自己规范自己，就是对恶俗、丑陋最好的对抗。

所以，去健身吧，让那些逼着你让座的人、随便插队的人不敢随便造次；去赚钱吧，让那些催婚的人、对你的人生指手画脚的人不好意思再指指点点；去努力变优秀吧，让那些看不惯你的人拿你丝毫没有办法。

Part IV

对不起，
你的青春已余额不足，
且无法充值

　　对于让你不满的现状，你既是受害者，也是同谋。你一边渴望世俗的美好，一边又觉得自己没有那种命；一边不甘心被人瞧不起，一边又在行动上安于现状。

　　你把所有当前不想面对的琐事、不敢去死磕的难题都推到明天，然后还安慰自己说："明天会更好。"你想得可真美啊！

　　最积极的人生态度莫过于：亲手改变现在，而不是等着未来救援。

17 失败是成功之母，成功却六亲不认

- 1 -

大学还剩两个月的时候，阿豪每隔几天就会给我发一堆消息。

比如，喜欢的女孩子把他拉黑了，他连原因都不知道；家人因为一点点小事就和他吵起来了，他觉得自己一点儿错都没有；寝室的某某特别嫌弃他，他觉得对方是瞧不起自己。

又比如，给三十多家公司发了求职信，居然没有一家回复他；一瓶豆豉酱就是他半个月的菜，五袋泡面能熬一个星期；张开双臂就能知道租来的房子有多大……

他恨自己没天赋、没颜值、没背景，恨这个世界太功利、太麻木，恨自己没有机会去做自己想做的事情。

出于好奇,我问他想做的事情是什么,结果他说:"就是简简单单、轻轻松松地活着。"

我反问了一句:"然后呢?在三四十岁的年纪还在最初级的职位上拿着最微薄的薪水,和刚刚毕业的年轻人一起被一个比自己小十多岁的人呼来喝去?"

我理解他为什么会活得如此绝望和颓废。无非是,他不愿意用已知的辛苦去交换未知的机会,而一心想走的那条体面的、容易的道路却始终找不到入口。

他的大学只是无聊地背答案以应付考试,然后追求仅限于"成绩能过就行"。

他把大把的时间用在网络游戏上,结果在游戏里成了王者,但在现实中依然失败。

他对一般的小公司不满意,而好的公司又看不上他;他对基础的工作内容很抗拒,但需要创意的工作他又没经验……

结果是,他在美好的想象和残酷的现实中间卡住了,只好给自己扣上"倒霉""没背景""没天赋"的矫情帽子,然后不情不愿地丧着。

其实我要说的是,做废物是需要极大的天赋的,像你这样的普通人,只配努力活着!

大学的可怕之处不在于没钱、没朋友、没成绩、没形象,而在于它看起来不像高考那样凶险和紧迫，而且混起来就像度假一样舒服，所以危险往往是隐形的。

你几乎不用承担任何的社会责任，有大把的时间可以自由支配，身体非常好，可以谈纯粹的恋爱，而且最重要的是，你的未来有无限可能。

它给了你很大的自由，但同时也在打磨你的锐气、考验你的耐心、消耗你的梦想。等到了毕业季，不管你有没有成熟，都要被一起收割！

而那个功利的世界早就张开了血盆大口，正虎视眈眈地在校门口等着你。

那么你呢？

你想象中的大学生活是：有很大的社交圈子、更多的朋友；有很热闹的社团和各种协会；能安静地在图书馆里看喜欢的书，能在自习室里提升自己；能拥有一段美好而纯洁的爱情，能拥有几个和睦相处并且志同道合的室友；然后没有压力地过每一天，充实并快乐着。

但你现实中的大学生活却是：前十七周像是在上幼儿园，最后一周像是高考前夕；异性很多，但没有恋人；很多开卷考试，却不知道答案去哪里找；上课总是迟到、总是忘记带课本，但手机从没忘记带过；聊天的还是旧日的老友，室友只是室友；在有限的人民币中，无限地畅想未来，空虚并无聊着。

那结果自然是，这个城市、这所学校、这里的人和事，都在欺负你，都在惹你不高兴，都在找你的碴儿。

每个人的生活中都有大把的心酸和不满,每一个都是让人折腰的"好"借口。

不要因为听了几个蹩脚的故事,你就误以为运气、背景、关系比努力更重要,然后放弃了努力;也不要等别人早都跑完两圈了,你才慢慢悠悠地来到操场上,还误以为自己跟别人是在同一起跑线上。

敢问一句:你背井离乡却不敢花力气,是在潜伏做卧底吗?

你背了那么多的名言警句,只需要坚持一句,你的人生可能就有大不同。

怕就怕,你背熟了励志的句子,却依然过着颓废的生活。

那我只能不客气地说一句:腐烂的日子和糟糕的你,真是天造地设的一对。

- 2 -

郑小熙大学刚毕业就结婚了,结完婚就要了孩子,生完第一个又生了第二个。毕业七年了,她没上过一天班。

用一句话形容她的处境就是:梦里还来不及交卷,醒来已是两个孩子的妈。

这样的生活要说清闲也清闲,相夫教子、做家务、看电视、逛街、买菜、做饭……可时间一长,尤其是两个孩子相继上学后,郑小熙觉得越来越无聊。

她对我说:"我过上了那种一眼就能看得到头的家庭主妇式的生活,而身边的闺密都忙得有滋有味,只有自己闲得发慌。"

我安慰她说:"可能你在羡慕别人忙碌的时候,她们正羡慕你的清闲呢!"

她说:"可是我越来越觉得自己是在混日子。我一直梦想能开一家咖啡店。可是我已经好几年没工作了,担心自己和社会脱节了,又担心现在去学经营管理太晚了。"

我说:"其实,你能把现在的家庭主妇生活过得舒心,那么做家庭主妇和做老板,相夫教子和管理公司,都一样,都算成功,并不叫混日子。但是,如果你并不享受这种生活,并且已经确认了梦想是什么,而不是一时兴起,不是一时抱怨,那就趁早开始,心有不甘地瞻前顾后才叫混日子。"

所有的"来得及",前面都有一句"我相信";所有的"来不及",前面都有一句"我觉得"。

很多人的常态是:往前走,没有把握;往后看,又看不到退路,所以只能是犹犹豫豫地往前迈一小步,然后慌里慌张地回头看两次,就像是刚刚学会走路的小孩子,迫切地想要前面的糖果,又不太敢离后面的爸妈太远。

那么你呢?

是不是已经对那些曾非常渴望的东西无动于衷了？是不是意识到了人生的艰辛、命运的不公，然后你的内心麻木了，对生活认怂了，在任何事情面前都习惯性地退缩了？

是不是经常陷入自我怀疑的死循环中：前一秒是"我要离开这个鬼地方"，下一秒是"我还能去哪里"；前一秒是"我要离开他"，下一秒是"我还能遇到合适的吗"；前一秒是"我要离开这个舒适圈"，下一秒是"我适应得了新环境吗"。

直到某一天，你被某个朋友刺激到了，或者是被猪队友气到了，总算下定了决心，却在执行的前一刻打消了念头。因为你又在想："我都一大把年纪了，算了吧。"

于是，你所有的"我要"都变成了"算了"。

你在脑海里列了很多的理由，为自己的"不勇敢"找借口。

你自我安慰道："虽然这个地方不怎么样，但别的地方也不一定更好""虽然这个人很烦，但别人也不一定有趣"……

换句话说：你担心害怕的事情那么多，不是因为这些事情很难搞，而是因为你隐约觉得自己很差劲儿，你的焦虑和恐惧很大一部分是源自你的自知之明。

但我想提醒你的是，恐惧风险，就不要追逐成功；付出努力，就别再心存侥幸。你先要竭尽所能，然后再去听天由命。

为了自己想过的生活，每个人都必须放弃一些东西，两全之计其实非常罕见。

你想要自由,就得牺牲安全;你想要清闲,就可能没有大众眼里的成就;你想要快乐,就不该在意他人的评价;你想要远方,就得勇敢地离开现在的安逸环境。

反正我个人的偏见是:仗着自己聪明就混日子的人都是白痴。

- 3 -

我知道,你特别擅长管理时间。

比如,你接到一个任务,就会将这项任务所需的时间精确地切分为十份。前九份时间用来愉快、悠闲地玩耍,等到第十份时间呼啸而至的时候,你就娴熟地将第十份时间再等切分为十份……以此类推,直到切不动了,你才开始变得焦虑、暴躁,然后废寝忘食地赶工。

是的,不到最后一刻,你根本不知道自己的极限在哪里!

上学的时候,你大概是这么安排学习的:星期一才收假,应该缓冲一下,所以效率为零;星期二没缓冲够,继续缓冲;星期三,一会儿微博、一会儿微信,效率继续为零;星期四开始期待周末的精彩安排,效率还是为零;星期五,想着反正要放假了,什么事情等到下个星期再说。

工作的时候,你发现雨天适合在家睡觉,晴天适合出去走走,雪天适合找朋友一起吃火锅，阴天适合找个安静的角落坐一坐。

是的，漫长岁月，竟然没有一天适合学习或者工作！

再来看看你每天都在干什么。

早上被闹钟吵醒，第一反应是看时间，以确认自己还能赖床多久。

然后过了不到十分钟，你的理性击退了"想死的冲动"，你再次睁开了双眼。

在接下来的三十秒内，你那昏昏沉沉的脑袋里发生了一连串声势浩大的"战争"，在银行卡余额的助威声中，你的理性相继战胜了"想辞职""想请假""大不了迟到"等强大的敌人。

最后，你终于吃力地把自己从床上搬起来了。根据性别、性格、收入、年龄和任务的不同，在接下来的三到三十分钟时间内，你会把自己收拾利索，以达到能出门见人的标准。

你每天都活得很有原则。

比如某件事要么干脆不做，要做就一定做到最好，但假如最终没有完成，那就算了。

又比如，每个星期、每个月、每年都在喊"加油"，借用鲁迅先生的两本书的书名来说就是：一边《彷徨》，一边《呐喊》。

上午就像没睡觉一样，下午就像没睡醒一样，晚上就像打了鸡血一样。好不容易到了周末，你的邻居总能适时地发出奇怪的声音……

邮件还没回复，聚会还没开始，新书还没读，似乎什么都还没做，突然发现，时间已经到了星期天的下午四点。

功利的世界永远都会给努力改变的人以入口，也永远都会给不敢改变的人以借口。

如果你的空余时间不是用于学习，你的精力都被用于应付"老好人"的角色，你的娱乐仅限于追综艺和电视剧，你的热情多数被用于跟紧潮流和大众的审美，你的执行力越来越差，仅仅满足于小圈子里的中下游，你自作聪明的评价越来越频繁，对人对事的抱怨越来越多，你回想往事越来越密集，后悔的选择越来越多……那么，堕落就已经悄然发生了。

更糟糕的是，"再玩一会儿""再拖一会儿""再等一会儿""再看一集"……听起来都是不起眼的小事，但其中携带的"妥协、懒散、拖延"的病毒，可能会慢慢地侵入你的五脏六腑，直达你的骨髓，让你一辈子都直不起身来。

我的建议是，当你不得不完成某个让你焦虑、备感压力的任务时，最好的对策就是马上去做。卖力地推进进度，勇敢地去尝试，这个任务的进度条每前进一点儿，你的焦虑就会少一分。

千万不要耗着、等着，这只会让你在铺天盖地的焦虑中受尽煎熬。在余额已经严重不足的青春里，你更应该踏实地、耐心地去做点什么。

人生往往就是这样，做着做着就有出路了。

所谓"耐心",就是你要像拓荒者一样,就算面前一片荒芜,就算你是第一个来到这里的人,也期待着这里有人山人海的那一天!

- 4 -

经常有年轻人问我:"活着有什么意义?为什么要读书?为什么要谈恋爱?为什么要结婚?为什么要找工作?为什么要努力?"

我解释了一大堆,结果没过几天,他们又来问相同的问题。所以我后来直接告诉他们:"别问为什么要做这件事情,先问自己做了什么。"

其实我想说的是:很多你现在必须做的事,或许要等到很久之后才会明白是为了什么;很多你现在觉得无聊的事,或许要等你做好了之后才会看到有什么意义。

生活自带"霸王条款":如果你不努力,结局往往很糟;而努力了,结果也不一定如你所愿。但努力的好处只有努力过的人才知道。

打个比方,此时的你就像是在一个昏暗的房间里洗衣服,很无聊,很辛苦。你可以偷懒,也可以很认真。没有人会拿着鞭子抽你,全靠你的自觉。突然有一天,房间的灯亮了。偷懒的人耗费了相同的时间,但看到的只是一堆没洗的衣服;而认真努力的人看到的，则是自己的劳动成果。那些被认真洗过的衣服会很干净地放在他面前，他就会觉得那段看似黑暗的日子没有白费，会觉得那些辛苦很值！

当然了，我还是希望你的人生有人惯着。但如果没有，还是希望你能耐心坚持；如果不能，那就祝你有厚脸皮；如果做不到，还是祝你有人惯着。

怕就怕，你既没有人惯着，也不愿努力改变，同时还脸皮薄，然后还特别爱强调面子、尊严和快乐！

怕就怕，你把所有当前不想面对的琐事、不敢去死磕的难题都推到明天，然后还安慰自己说："明天会更好。"你想得可真美啊！

最积极的人生态度莫过于：亲手改变现在，而不是等着未来救援。

就像一个段子说的那样："人生在世，你只要知道两件事：一、这世上绝对存在不需要读书也很聪明，不需要努力也过得很好，甚至不需要钱就能快乐的人；二、那个人绝对不是你。"

失败是不是成功之母？这个我不太确定。但我非常确定的是，成功经常六亲不认！

18 不按你所想的方式去活，就会按你所活的方式去想

- 1 -

你觉得生活没劲，新鲜事寥寥无几，糟心的事却又层出不穷，日子混得就像要穿过用狗屎摆的"地雷阵"。你不得不往前走，心里知道"死不了"，但也知道"好不了"。

你觉得活得很无奈，很多选择都违背了内心的想法。有的选择并不满意，只是嫌麻烦；有的选择并不是为了赢，只是怕输；有的选择你并不是因为热爱，只是怕别人说……所以，你不情不愿地扛着，不干不脆地维系着，不清不楚地努力着。

结果是，你当前的生活变成了：很不舒服，又不敢怎样，也不能怎样。

茜茜把同一句话发了八遍:"我是疯子皮埃罗,脸上涂得蓝蓝的,头上盘着一长串炸药,想要划燃一根火柴的欲望像云一样飘过我的心头。"

我隐约觉得不太对劲儿,就赶紧问她发生了什么。结果她从"为什么要上大学""为什么要学习",一路问到了"为什么要活着"。

起因只是她大学英语挂科了,但比这更让她崩溃的是:她突然意识到自己没有奋斗目标,没有理想,没有动力,没有爱好,做什么都特别没劲儿,整天就像行尸走肉一样无聊发呆。与此同时,她又非常清醒地意识到大学时间非常宝贵,各种学杂费非常昂贵,父母非常不容易,社会竞争非常激烈……

她也试图强迫自己去学习,可看了十分钟的书,就不自觉地刷了半小时的微博,然后牢牢地记住了哪部电影在哪天上映,哪个明星在哪天过生日,哪个倒霉鬼因为哪件事情掉了多少粉,偏偏就是记不住读书的那十分钟读了什么。

她说自从上大学之后,每天睁开眼睛的第一个念头是:退学!萦绕在她心头的总是莫名其妙的烦躁,不知道要干什么,书本就撂在旁边,翻开到第八页,过了一个星期还停在第八页。

她说开始觉得认真学习是很难的事情,但是上大学之前从来没有因为学习而苦恼过。现在的她每天最忙碌的事情就是不断地刷新微博和朋友圈，然后躺在床上想一些关于宇宙、命运、哲学、生死之类的问题。

她说这里不是她喜欢的城市，不是她喜欢的大学，学的也不是她喜欢的专业，身边也没有她喜欢的人。她说既找不到学习的动力，也看不到人生的希望，更不知道未来在哪里。

她问我："老杨，我该怎么办啊？感觉好无力，感觉人生要完蛋了！"

我回复道："你更应该搞清楚两个问题：一是你为什么会在这个自己讨厌的地方，二是你憧憬的未来在哪里。"

其实我想说的是，如果你想知道自己的过去是否合格，不妨问问自己对现状是否满意；如果你想知道自己的未来能否美好，不妨问问自己现在是否真的在努力！

一个人最大的不自由就是站在原地踌躇，然后认定自己已经无路可走了。但问题是，"不知道去哪里"和"没有选择"其实是两回事。

二十岁上下的年纪，谁都有迷茫的时候，都很普通、很平凡，不知道该怎么努力，不知道要经历多少次战役，人生才能有翻天覆地的变化。但是，如果你认真地读书，耐心地听讲，有规律地健身，有目的地学习和积累，当时可能并没有觉得有什么变化，但实际上你的人生已经开始不同了。

怕就怕，你去了一个你三姑觉得不错的大学，挑了一个你大伯觉得好就业的专业；毕业之后，去了一个你同学认为有前途的城市，进了一家你学长觉得有实力的公司；在陌生的城市里，你说着同事觉得正确的话，找了一个闺密认为不错的恋人……然后惨兮兮地说"这不是我想要的生活"。

这当然不是，必须不是！

有一段广为流传的墓志铭："当我年轻的时候，我的想象力从没有受到过限制，我梦想改变这个世界。当我成熟以后，发现我不能改变这个世界，我将目光缩短了些，决定只改变我的国家。但是，我的国家似乎也是我无法改变的。当我进入暮年后，发现我不能改变我的国家，我的最后愿望仅仅是改变一下我的家庭。但是，这也不可能。当我躺在床上，行将就木时，突然意识到：如果一开始我仅仅去改变我自己，然后作为一个榜样，我可能改变我的家庭；在家人的帮助和鼓励下，我可能为国家做一些事情。然后谁知道呢？我甚至可能改变这个世界。"

如果你暂时无力做出那种惊天动地的大事，那么就怀着热情做好眼前的小事。

当懒惰、拖延、放弃的念头出现时，不妨握紧拳头提醒自己再坚持一会儿；觉得梦想遥不可及的时候，不妨先确立几个小目标。比如，用心去结交一两个好朋友，多去看些能丰富灵魂的书籍，规律地锻炼并照顾好自己的身体，有目的地储备将来想要做的事业的专业知识……如此一来，即便大学是非常平淡地过完了，你也远比同龄人要优秀得多。

你逼着自己再努力一点，生活才会对你温柔一点，将来遇见的另一半就可能更满意一点。

世界的运行规则就是，你变优秀了，其他的事情才会跟着好起来。

- 3 -

贺姑娘在一所重点中学教英语，工作忙碌，压力山大，每天要忙到晚上十点多才能回家，可一打开微信就有一堆人找她帮忙。

这个人请她翻译一句名人名言，那个人找她翻译一下视频字幕，还有一些是生物或者哲学的专业名词，甚至是把文言文翻译成英文……她跟我说自己快累死了，因为有的翻译非常费时间，有的翻译需要大量的考证，还有的翻译是她根本就不会的。

她说："别人都忙着脱贫，就我忙着脱发。有时候真的是毫无痛感地就薅下来一把头发，当时心想，要是每一根都能变出一个分身就好了，一个负责对付那些调皮捣乱的学生，一个负责备课，其他的就专职给这些亲戚朋友做翻译。"

我问她："那你拒绝过吗？"

她说："没办法拒绝，都是我的亲戚和朋友，肯定是有难处了才会找我帮忙的。"

我又问:"那你有告诉他们自己非常忙、非常累吗?"

她说:"告诉他们这些,不就是变相地拒绝他们吗?"

我无奈地笑了:"在他们看来,你如此和蔼可亲,有大把的时间和精力,同时还有过硬的专业知识,他们不找你帮忙,简直是对不起你!"

其实,你并没有资格责怪别人得寸进尺,毕竟每次都是你自己先退一步的!

那么你呢?你被"不好意思"拖累过吗?

别人拒绝你的时候总是轻描淡写,可轮到你拒绝别人的时候还是要下很多次决心,就像是犯了大错。

帮别人的忙比做自己的事情更加小心谨慎,甚至觉得是自己的本分;而自己从不会开口要求别人,因为担心被拒绝;每次评论一件事要措辞好久,评论了怕朋友不开心,不评论也怕他不开心。

别人语气稍微冷淡一点儿,你就会想着"是不是我惹他不高兴了"。害怕对峙,害怕冲突;看似乐于助人,但并非出于自愿;喜欢察言观色,只是怕被人否定;很多时候,即使能力和时间不允许,你也会信誓旦旦地保证自己能够做到。

你不敢表明自己的真实想法和看法,因为害怕尴尬,所以竭力避免跟任何人产生矛盾,不得不去做让别人觉得舒服和喜欢的事情。

在这个过程中,你不断压抑自己的真实想法和感情,不停地迎合别人,直到委屈爆棚,变成任何人随时随地随便欺负的对象。

嘴里每次都说"随便",心里每次想的都是"那怎么能行";给人的态度是"乐意为你效劳",内心却在咆哮"你烦不烦啊"。

但别忘了,当你对某个人说"Yes"的时候,你已经在事实上对其他人、其他事说了"No"。

我们生活在一个人情社会里,免不了会"求人帮忙"和"受人之托"。

但我希望你能区分出"帮忙"和"纵容"的不同,帮人要帮尽了全力却依然无能为力的人,而不是堆着笑脸的"伸手党"。否则的话,他会越来越习惯找你帮忙,并且觉得你理所应当要帮他的忙。

我不是要你铁石心肠,而是希望你量力而行;要考虑自己的能力、时间和精力,要在条件允许的范围之内去提供帮助,而不是不顾一切地满足他人。

不要那么痴迷于"好人"这种人设,很多人口中的"好人",其实就是在说"你目前对我有用",仅此而已。

来,以你崇尚的自由和热爱的生命起誓:"再也不会为难别人,也不允许别人为难自己;再也不去讨好那些无关紧要的人,也不接受无关紧要的人递来的好心好意。"

- 4 -

网上有个很火的段子:"当你赚到一万元的时候,你觉得蛮好的,不愁吃穿了;当你赚到十万元的时候,你觉得钱不太够花,买不起奢侈品;当你赚到一百万元的时候,你觉得自己好穷,好车、好房都买不起……"

结果是,富有的人越来越努力,因为他们不允许自己穷;而贫穷的人越来越安逸,因为他们"知足常乐"。

所以,我们经常看到,有人浑浑噩噩地活了大半辈子,每天怪父母、怪社会,怪完之后继续浑浑噩噩地活着;有人工作上不思进取,嫌赚得少,但又没本事,所以安慰自己说"人生苦短,别把自己逼得太累了"。

有的人交了凑合的朋友,一茬儿来了,一茬儿又走了,因为没有能力留住朋友,所以开始羡慕小说里面的江湖义气,然后继续交凑合的朋友;有的人开始了一段凑合的婚姻,经常上火,有诸多不满,但承担不起离婚的成本,于是经常羡慕影视剧里的潇潇洒洒,羡慕完之后,继续上火,继续鸡飞狗跳。

这样的次数多了,你就会给自己编造看似合情合理的理由,找很多冠冕堂皇的借口,然后心安理得地接受并维持现状,变得更懒惰、更随意、更将就、更没有底线。

可问题是,乖乖地顺从生活并不会让你的生活变好啊!这只会让你一点一点地偏离自己想要的生活,再一点一点地变成自己鄙视的样子。

"曾梦想仗剑走天涯,看一看世界的繁华……"后来呢?作业太多了就没去,上班太忙了就没去,结婚了、孩子大了就没去……
于是,你从十几二十岁时的冲动,变成了二三十岁时的蠕动,等到三十岁之后,基本上就是一动不动!

很多时候,你费了很大的力气才说服自己,以为向生活低个头、服个软,生活就能对自己好一点儿,结果却发现,生活总是得寸进尺,因为它希望你能跪下!

所以,如果你的梦想还没死彻底,如果你的兴趣还没忘光,如果你还有不甘心,那么就别再放纵自己了。握紧拳头,有耐心、有节奏、有目标地做出改变吧。
所谓苍老,不过是认命罢了。是你觉得当前的困境永远摆脱不了,觉得想做的事情永远都做不到,觉得愿望永远都没办法实现了。

但我想提醒你的是,人生的岔路口有很多个,无论是中考、高考、大学,还是工作、恋爱、结婚,都只是人生的岔路口之一。当你站在路口的时候,会焦虑地以为当前的选择是最要紧的,后果是最严重的,误以为它决定了自己的快乐、形象,乃至命运。可是,当你走到下一个路口时就会发现,原来每个路口都只是人生的一个小自然段而已,它永远无法决定"我是谁""我要去哪里",以及

"我想成为怎样的人"。

换句话说,你永远都有选择的权利,永远都有改变的可能。怕就怕,你认命了!

如果你从未放弃,现实远比梦想美好;但如果你愿意低头,镣铐满地都是。

愿有一天,被现实掀翻在地的时候,你能把自己搀起来,拍拍屁股上的灰尘,然后一脸不服气地说:"三局两胜!"

愿有一天,现实快递了一副崭新的镣铐时,你有勇气拒签,并且一脸傲娇地回应:"恕难从命!"

19 绝大多数的人生困境，都源自那该死的随波逐流

- 1 -

听过很多励志的故事，看过很多精彩的电影，也去了很多文艺的远方。不论是释怀还是感慨，不论是激情澎湃还是哭成小狗，不论是开了眼界还是花光了钱，你的本意绝不是简单地打鸡血、流眼泪、装文艺，而是想给无聊的生活制造一点儿波澜，好让没劲的日子多一点儿意思；好让自己在作死前能悬崖勒马，在难过的时候能熬下去，在迷茫时能豁然开朗。好让自己不至于沦落为别人眼里的傻瓜，不至于变成自己讨厌的那种人。

但奇怪的是，嘴里说"我要好好爱自己"的是你，拼命把自己往深渊里推的也是你；握紧拳头想要和全世界大干一场的是你，一

上场就乖乖缴械投降的依然是你。

结果，很多好事就这样被我们拱手送人了。

- 2 -

距离研究生考试不到一个月的时候，学弟发了一条朋友圈："十二月，请对我好一点儿，我一定会好好准备考研，好好照顾自己，没事跑跑步，并改改我的暴脾气。"配图是他的自拍照，而照片的背景则是一群人正埋头学习的自习室。

很多人点赞和鼓励，而我却隐约看到了这条朋友圈没有说完的那部分："如果上述这些没有做到，那么，我下个月再发一次。"

因为曾一起在校报里共事过，所以我对他还算了解。单纯从个人形象上看，他给人的感觉很好，而且时时表现得很绅士。但是做事却经常掉链子：不是忘了，就是记错了日期；不是太忙，就是误删了文件。理由充足得可以装满好几艘"泰坦尼克"号。

校报当时一共五个人负责写稿，每次都是他最拖沓，要么是在截稿日期的前一天晚上赶工，要么是早早地交一份需要别人大修大改的文字来交差。后来被辅导员批评了两句，他就自动退出了。

他给我的印象是，好像每一个困难都能克服他。

他说要考研，备战日常却是这样：

因为前一天熬夜了,所以第二天睡到中午起床,然后去食堂随便吃点儿,再背着一大摞考研资料去自习室。

花了一小时让自己静下心来,然后花了半小时做完两篇阅读理解,对答案的时候却发现十个错了八个,而对的两个还是蒙对的。

一生气就把书合上了,顺势拿出手机,心里话是"休息一下再努力"。之后,继续刷了一小时朋友圈,又看了个半小时的微博热搜,直到肚子饿了去吃晚饭。

晚上继续上自习,做到第二道选择题的时候,手机振动了一下,一看是一条垃圾短信。然后手机就放不下来了,即便是不玩游戏、没人联系,他也宁愿捧着手机一遍一遍地刷着没有更新的微博和朋友圈,看着没有人说话的微信或者QQ发呆,直到眼睛酸涩才意识到该睡觉了。

可躺下又很清醒,于是捧着手机继续熬。每一条短视频都那么有趣,每一个博主都那么成功,每一处风景都够自己羡慕好久。直到关掉手机发现大脑空空、手上空空……

就这样,他硬生生地将这段"本该艰苦奋斗的备战岁月"变成了"一晃就过去了的消遣时光"。

很多人的人生信条是:想做什么就做什么,不想做就不做,至于非做不可的,就一边拖着一边做。

其实,大多数计划的失败,往往不是因为能力不行、条件不够,而是因为执行力不行、耐心不够。为了尽可能舒服、省力一些,很多人侥幸地选择了"这个地方偷个懒"和"那个地方占占便宜"。

那么你呢?

想让自己有毅力,你下载了名目繁多的健身、读书和背单词的打卡软件,在它们的不断提醒、催促和监督下,你终于把它们逐个卸载了。

想减肥,你喊了无数口号,下了无数决心,可是今天心情不好,明天天气不好,最后跑步就成了"明天再说"的事情,而节食成了"吃完这一顿再说"的计划。

想学油画,买了成套的颜料和画笔,可颜色也调不好,画的眼睛是歪的,然后就把工具原封不动地装了起来,放在墙角等着落灰。

想学围棋,报了兴趣班,也研究了几张棋局,期待能打败全校无敌手,结果在某个愉快的周末惨败给了邻居家八岁的小朋友,从此就和围棋成了仇家。

于是,你一边渴望世俗的美好,一边又觉得自己没有那种命;一边不甘心被人瞧不起,一边又在行动上安于现状。

于是,你在网络上慷慨陈词,表现得积极向上,优秀得像是超人附体;在现实中却极其懦弱,做什么都舍不得花力气,遇到什么都绕着走。

你以为这只是"颓废",其实更像是"报废"。

你对生活撒的谎,生活一定会逐一拆穿的;你在浑浑噩噩中假装努力的样子,真的像极了咸鱼的祖宗。

世间事大抵如此：成功者千方百计，失败者推三阻四。

- 3 -

在一场主题为"逆袭"的报告会上，一名优秀的海归博士正在讲述他的故事。

"人和人的差距是生来就存在的，而且非常巨大。当我还在为晚餐是吃西红柿打卤面还是吃三鲜水饺纠结的时候，我的室友纠结的却是，选游艇还是选私人飞机做生日礼物。"

他大致描述了一下他当年留学时的寝室成员：一个是副教授级别的研究员，据说已经有三个博士头衔了；一个是富豪的独子，他最终选了一艘游艇当生日礼物；还有一位金发帅哥，已经接了好几个电视广告。然后就是他，一个用了吃奶的力气才拿到读博资格的、长得不帅而且没钱的才华有限青年。

对于一个敏感而又骄傲的人来说，这样的寝室环境让他非常自卑。

研究员会聊分子结构和心理学，他根本就接不上话；富家子弟喜欢谈论游艇、飞机、别墅，他根本没见过，甚至都想象不出来；帅哥则喜欢说见了哪个明星，以及要见哪个明星，他更是觉得遥不可及……

所以，他在寝室里的时候只能努力地保持着一脸"我非常酷、我不羡慕"的假笑。

为了逃避现实，他开始接触游戏、小说，开始追英剧、美剧，开始频繁地使用社交软件、视频软件。他没日没夜地玩，翻来覆去地看。

这确实能让他暂时忘记烦恼，对背景和能力上的差距也暂时不那么焦虑了。结果是，除了为论文赶工的那几天，他的日子可以用醉生梦死来形容。

直到有一天，他因为论文错误频出而被儒雅的导师请去喝茶。导师盯着他看了几秒钟，突然开口说："你不是这样的人，我知道你不是一个平庸的人，但是你现在的表现非常平庸。我说的平庸，不是指这篇论文水准差，也不是指没钱、没背景、没才华、没地位，不是这些，我说的平庸是你放弃了追求卓越，是你觉得懒惰没有问题，是你以为自己能待在这里就算优秀了。当你觉得自己安于现状也还不错的时候，你事实上已经杀死了那个能够做得更好的自己。"

这是他二十年求学生涯中第一次被老师批评，也是最后一次。之后，他强迫自己远离社交软件、游戏、寝室……这些强迫夹杂着大量的焦虑、孤独和耐心，就像是在阻止一辆滑向深渊的汽车。

这个过程非常艰难、曲折，而且看不到希望。但是他发现，相比于醉生梦死之后的空虚和绝望，这种身心俱疲带来的焦虑简直就是一种享受。努力确实有一些累，但也确实让人心安。

成长是一个残酷的过程，你会被现实一个巴掌接着一个巴掌地

扇，直到被彻底打醒。

在报告会的结尾，他这样总结道："越是让你觉得不舒服的日子，就越有逆袭的价值。因为你受不了这样的自己，就会逼着自己改变，逼着自己脱离这个不舒服的环境。如果哪一天，你觉得安逸了，没有力气去反抗什么，也没有欲望去跟现实死磕，躺在床上昏昏沉沉，对时间的流逝毫无知觉，这才是最危险的。"

很多人觉得"活着真累"，不是因为他做了太多的事情，而是因为做得太少了。

所以我的建议是，管好你的浮躁情绪，管好你的三分钟热度，管好你的意气用事，管好你的懦弱自卑，沉下心去努力，这比什么都要紧。

不信你回头想想，因为你的懒惰、拖延、瞻前顾后、患得患失，你的前半生有多少个目标、任务、计划失败了，多少次恋爱因此告吹了。

不要拿"别人都那样"来替自己的懈怠辩护，也不要将放纵自己混同为善待自己，更不要将"努力了一下"混同为"已经尽心尽力了"。

不要有点儿压力就说自己不堪重负，不要碰到一丁点儿不确定性就说自己前途渺茫，也不要一遇到困难就以为自己这辈子完蛋了。

这不叫聪明，更像是在给自己的懦弱找拙劣的借口。你实际上并没有吃什么苦头，只是比别人矫情太多。

要我说，你当前一切问题的根源就在于，书读得太少了，日子过得太好了，而饭又吃得太饱了。

- 4 -

经常听到有人用一些百搭的句式来解释自己。

比如，"不是……而是……"：这道题不是我不会，而是我懒得去解；这件事情不是我不愿意做，而是我看不到任何意义。

比如，"等……就……"：等我的感冒好了，就去锻炼身体；等我追完这一部电视剧了，就好好背单词。

比如，"如果……就……"：如果我有钱了，就一定会受人欢迎；如果我有你那样的家庭条件，肯定能比你还成功。

比如，"要不是……也可以……"：要不是今天天气不好，我也可以跑完五公里；要不是我当时有点不舒服，也能得满分。

也经常看到有人抱着"应该没事儿"和"问题不大"的侥幸心理来做一些小事情。

比如，制定了科学的减肥食谱，并且再三告诫自己晚上不能吃高热量的食物。结果半夜意志力最薄弱的时候，就对自己说："吃一点儿应该问题不大……"然后是，每个晚上都吃了一点儿。

比如，很清楚不应该逃课，结果在别人的怂恿下起了逃课的念头,就对自己说:"就逃一节课,应该没事儿……"后果是,以后的每堂课,你都想逃。

比如,在设计密码的时候,你觉得自己以后肯定能记住,就随意了点儿;在放置重要文件的时候觉得以后肯定能找着,就随性了一点儿。然后,每次要用密码的时候都必须申请重置密码,每次找东西的时候都需要翻箱倒柜。

于是,无数个意气风发的A计划都被更容易完成的B计划"羞辱"了,无数次"我想"都败给了"但是"。

如果你总是这样轻言放弃,那么无论过了多久你都只会原地踏步。

在我们短暂的人生当中,我们所做出的种种选择并不是"对"与"错",而是"对"与"更轻松、更容易、更舒服"。

我知道,你确实也想变优秀,但是"什么都不做"的那种舒服战胜了"说到做到"的那种辛苦;你的确也想成为人生赢家,但"努力了没有效果"的那种挫败感超过了"我一定能行"的那种笃定。

是你内心深处的那股否定自己、怀疑自己的力量超过了肯定自我、相信自己的力量,所以你觉得自己不会变好、不能赢,开始接受"不变好也没关系""没完成也问题不大",然后在紧要关头会选择"算了,就这样吧",最后在不如意的结局面前说"命不好"或者"运气不好"。

到末了,曾经踮起脚去够的,现在连手都不敢伸了;曾经日思夜想的,现在变得不那么渴求了。反倒是曾经不屑一顾的,如今居然也开始心驰神往了;曾经非常鄙视的,如今变得非常崇拜了……

换句话说,对于让你不满的现状,你既是受害者,也是同谋。

我的建议是,不要再矫情地问自己,"因为加班欠下的旅行,准备什么时候还上",而是要清醒地问问自己,"因为偷懒欠下的努力,准备怎么补上"。

也不要因为别人在玩,在偷懒,在浑浑噩噩,你也心安理得地浑浑噩噩,而是要时刻提醒自己:"我是砍柴的,他是放羊的,我跟他玩耍了一整天,他的羊吃饱了,我的柴从哪儿来?"

20 自律是一场自己对自己发动的战争

- 1 -

我发了一条朋友圈:"如果说眼睛是心灵的窗户,那么眼袋就是心灵的窗台。"

结果"熬夜先生"就打来了电话,直接发问:"怎样才能做到早睡早起?"

他向来如此,即便是好久不见也会直奔主题。他不会从"你方便接电话吗""最近还好吧"开始,也不会问你"那边天气怎么样"。在他的眼里,无聊的客套相当于浪费时间。

他是我认识的最闷的设计师,给我的印象是,有一部手机就可以过一辈子。

以至于我时常替他担心，怕他会把自己活成"山顶洞人"。

一问才知道，从小到大很少生病的他最近健康状况频出。向来吃素居然满脸长痘，经常运动却抵抗力极差，就连跑步的习惯也因为突然的心脏绞痛而不得不中断了。

而且还出现了间歇性的耳鸣和视网膜充血，皮肤则出现了严重的过敏反应——不管吃什么水果，胳膊和肚皮上都会出现一连串像蚊子叮咬过的包。

每天早上起来，毛巾上、衣领上、床单上都是散落的头发，他说："真像笑话里说的那样，我有时候觉得自己就像蒲公英，风一吹可能就要秃了。"

最惨的时候，他一个星期要请三天假去看医生。而医生给出的结论是，"所有的问题都是长期熬夜熬出来的，没有一个是大毛病，但每一个都是大麻烦。"

他现在每天要吃四种抗过敏的药，吃完了就昏昏沉沉的，可又睡不着。他想在工作上加把劲儿，可大脑就像是灌了糨糊，根本集中不了注意力。

他说："我现在才明白，身体远没有我想象的那么耐用！"

长年熬夜的他罕见地表达了对睡眠的担忧，恰恰也表明了健康问题已经到了让他难以忍受的程度。

我对他说："你缺的不是睡觉的方法，而是按时把自己按在床上的毅力，是强迫自己在睡觉之前把手机关掉。"

"可是，可是……"他说了两遍"可是"，"我要加班，我睡不着，真的睡不着。"

我回答道："你并没有你形容得那么忙。你加班不是因为工作太多了，而是白天什么都没做；你熬夜也不是在忙工作，而是手机太好玩了。"

我想说的是，你失眠不是很正常吗？没有人跟你谈情说爱，一天到晚又什么都没干，听到的都是别人一天的努力成果，看到的都是别人晒的花式幸福，你能睡着才怪呢！

你用熬夜的方式来抵消白天一事无成的焦虑，用两包烟来"保护"嗓子，再用咖啡和酒来"鼓励"自己继续醒着。

熬夜让你成了自己心目中的劳模和自由男神。

但可惜的是，超长待机不等于你有效率。

因为只睡了两三个小时，你被闹钟惊醒时会有一脸的烦躁，然后内心在咆哮："为什么要早起？为什么我活得这么痛苦？"就算肉体勉强离开了被窝，可灵魂还在继续沉睡。

再然后，你顾不上吃早餐，也顾不上收拾自己的仪容和情绪，就不得不手忙脚乱、蓬头垢面地扎进人海里，拥有的自然是低效、烦躁、混沌的一天。

如此重复了几天，你的脸上就会出现不可逆的眼袋和黑眼圈，你的注意力和记忆力就会明显下降，你会面如土色、哈欠连天，还会莫名其妙地情绪低落，并且烦躁。

久而久之，夜成了你精神王国的净土，床成了你灵魂的圣殿，被窝成了你青春的墓地。

在宁静而又无聊的夜里，你很安逸，但死气沉沉；你很自由，但危机四伏！

是的，熬夜这种事情，你的灵魂享受得起，你的肉体却奉陪不起。

面对难搞的生活，别人是做详细的计划，然后逐条攻克，而你却是"唉，好烦啊"，然后玩会儿手机放松一下，结果一玩就到了第二天凌晨。

所以，你见过凌晨四点半的城市又怎样？别人是因为前一天晚上早睡了，然后习惯了那个时间起床，精力充沛地开启新的一天；而你是熬着没睡，到那时才渐渐有了睡意。

那么，人是因为睡觉舒服才睡觉的吗？

不是，人是因为睡觉非常重要才睡觉的，所以才会慷慨地拿出全部生命的三分之一用在睡觉上，以此来换取清醒的头脑、旺盛的精力、灵敏的五感和尽责的五脏六腑，也因此而保住了生命的健康和生活的有序。

那么，熬夜真的会死人吗？

也不一定，但可以肯定的是，熬夜死亡的概率比正常人高出很多。

所有你与生物钟对抗的行为，都会在你的身体里留下修复不了的伤痕，等到健康对你举了黄牌警告，你才会明白：什么叫"病来如山倒"。

所有你熬得有滋有味的夜晚，都需要一个昏昏沉沉的白天来偿还，等到你发现好事都在绕着你走，就会更深刻地体会到什么叫"白日做梦"。

所以，如果你想被人嫌弃得更明显一点儿，想让焦虑更盛大一点儿，想老得更快一点儿，尽管去熬夜吧。反正啊，那个你日思夜想的人已经熟睡了，那些让你心心念念的梦想商店都已经闭门谢客了。在这个无所事事的长夜里，你可能得到的，除了猝死，再没什么别的了。

- 2 -

看到韩小楼在朋友圈里展示她的半程马拉松的奖牌时，我的下巴都要惊掉了。曾经跑两百米要歇三回的她居然跑完了二十公里！

我评论道："能对自己负责的姑娘，真了不起。"

结果她回复我："也不是生来就知道对自己负责的，都是被南墙撞服了才明白，人不努力，天诛地灭！"

印象中的韩小楼是那种在朋友聚会时经常被人忽略的小透明，她很胖，很自卑，也很敏感。

她回忆说："我那时候最喜欢穿破洞的牛仔裤，但不敢当众坐下来，因为肉会从破洞里挤出来。我特别害怕被三个以上的人同时盯着。我也很少逛街，因为走在大街上，几乎看不到比我体积大的人。别说异性缘了，连同性朋友我都没有几个。"

如果说，胖子的难堪可以通过独来独往、保持沉默而被自己小心隐藏，那么三年前的一次体检可谓彻底掀开了她的遮羞布。

那是一次入职体检，体重秤放在一个开放的大厅里。她所在的部门一共十三个人，一个接一个站上去称重。排在韩小楼前面的是个男生，体重秤报："您的身高一百八十五厘米，体重七十八千克。"韩小楼上去后，体重秤报："您的身高一百六十二厘米，体重七十八千克。"

后面的人哄堂大笑，甚至有人特意提醒她："嘿，你们俩一样重，太有缘了！"

从体重秤上下来，韩小楼恨不得跟自己绝交。

经过大厅门口的鱼缸时，她甚至觉得那群孔雀鱼都在嘲笑她。

这次意外事件在她的心里如同发生了一场大地震。随后是无比艰难的"灾后重建"，她躲着所有人的眼光工作，也在暗自开启一项"惨绝人寰"的减肥计划。

她吃了一个月的水煮白菜，最难熬的时候，看见别人吃肉都馋得想哭。

有一次，她做梦梦见自己在吃红烧肉，都放进嘴里了，梦里的她还是强迫自己吐了出来。

她试过抽脂减肥，疼得好几天睡不着觉；也吃过各种各样的减肥药，结果好几次在厕所里拉到虚脱；跑步累得肺要炸了的时候，她就放慢速度，然后继续咬牙坚持；半夜饿得两眼冒星星的时候，就猛灌凉白开……

她的妈妈心疼得都哭了好几次："你这么糟蹋自己图什么啊？"可她心里只有一个执念："绝不能再被人笑话了！"

在美食面前，她已经不需要瞻前顾后，不需要抑制冲动了，而是像看到了虎豹豺狼，能够不假思索地拔腿就跑！

从一百五十六斤暴瘦到一百三十斤时，她觉得"减肥就是自残"；从一百三十斤到一百一十斤，她觉得"健身会让人上瘾"；从一百一十斤到现在稳定在九十五斤，她觉得"瘦不是结束，只是开始"。

变化的数字对应着旁人无法想象的辛苦和无法理解的快乐，也对应着自信和意志力的全面提升。曾经被人抓拍了一定会用近乎警告的语气让其删掉，现在却敢对着镜头龇牙咧嘴；曾经给她配两个用人也不会安排生活，如今一个人就能把日子过得多姿多彩；曾经做个噩梦能难过好几天，现在就算是汽车在半路坏掉了也能泰然处之。

有人问她减肥的动机,她说得很简单:"怕丑而已。"

有人问她健身的目的,她说得很简单:"怕死而已。"

有人请教瘦下来的心得,她说得也很简单:"少吃真的会瘦,瘦了真的好看,好看真的有用。"

那么你呢?

是不是每天的内心独白都在"神哪,我也要像她那么瘦"和"天哪,这个也太好吃了吧"之间徘徊?

是不是每次上称看见那个刺眼的数字,恨不得把衣服、袜子都脱掉,再去上个厕所,甚至刮了眉毛再称?

是不是因为不加糖的奶茶不好喝?

是不是因为"七情六欲中,食欲最凶残",所以惨败给了蒜香排骨、烤鸭、汉堡和鸡翅?

是不是因为白天已经走了五千步,所以晚上敢多吃一碗饭?是不是因为"就吃一口,不会胖的"?

是不是因为"第二杯免费、第二份半价"?是不是因为"剩了这么多,不吃浪费"?

是不是因为"有一堆天天等着你吃喝玩乐、花天酒地的朋友,不去他们会生气"?

嗯,没有一个胖子是无辜的!

如果食物能化为力量,那么你一定能成为举重冠军;如果食物能化作知识,那么你一定能成为学霸。可惜啊,它只能化作脂肪。不信你低头看称,体重骗过谁?

所以,对自己还有要求的你,请不要轻言放弃,想必你已经知道了:这个看脸的世界是以好看的人为中心的。

一个善意的提醒,臃肿的身形和怎么穿都不好看的服饰,就像一群彻头彻尾的叛徒,会将你的窘迫和不自律暴露无遗。而坚守在身体各个部位上的赘肉,就像一块尽忠职守的挡箭牌,能挡住从任意角度射来的丘比特之箭。

- 3 -

有一个广为流传的段子:"身材好,说明你在嘴巴上自律;气质好,说明你在修养上自律;人缘好,说明你在脾气上自律;事业好,说明你在时间、精力、体力上都自律。"

可惜啊,多数人追求的是自律的人生,过的却是失控的生活。

本来打算三个月瘦二十斤,结果反倒胖了十斤;本来想调整好作息,养成早睡早起的好习惯,结果天天熬夜,好像忙得永远放不下手机、关不掉电脑。

本来打算活得精致一点儿,用好看的皮囊来盛放有趣的灵魂,结果却天天起不来,只好急急忙忙、蓬头垢面地出门。

本来计划每天自己做饭、熬汤、煮甜品,结果发现自己的命其实是外卖续的。

看起来生龙活虎，实际上浑身是病。可能一次流感就要请好几天假，可能摔一跤就站不起来了。

看上去积极向上，实际上是个积极的废人。可能没打着车就哭爹喊娘，可能商品标签撕得很失败就火冒三丈。

问题是，你知道喝酒会难受，知道喝醉了误事，发过毒誓要戒，可是一有饭局，那种"今天一定要赐人一醉"的狂妄就莫名其妙地冒头了。

你知道抽烟伤身体，知道用凉水洗头会头痛，知道吃太多零食会变得厌食，知道经常吃路边摊、冰激凌会拉肚子，知道刷视频、微博会让自己兴奋得睡不着，知道吃完了就坐着躺着会长肚腩……

你都知道，可你偏要。然后，你高高地举着"以自己喜欢的方式过一生"的旗号，用咎由自取的方式来作死自己。

于是，你一边熬最长的夜，一边用着最贵的面膜和眼霜；一边拼命地往胃里塞食物，一边吃着维生素片、喝着枸杞泡的水。总的来说就是，一边糟蹋自己，一边养生续命。

这倒也符合人性：明明是自己弄坏了自己的胃，偏要怪罪于食物；明明是自己糟蹋了自己的身体，偏要怪罪于压力；明明是自己弄砸了自己的生活，偏要怪罪于命运。

其实，自律是一场自己对自己发动的战争，你要对抗的是你的天性。

我知道你很焦虑。劳神费力做出的方案明明得到了上司的肯定，但如何更好去执行却会继续让你焦虑不安；这次考试取得了不错的成绩，但如何保住名次、如何更进一步，却在折磨你；在公司里稳扎稳打，处于事业的上升期，但身边的朋友早已功成名就仍然让你慌张……

所以，你会因为一些尚未发生的事情而不安地熬着夜，会因为偶尔的情绪低落而去吃一堆垃圾食品，会因为无法排遣的无聊而没完没了地刷着视频，会因为发现自己努力了还是不如别人而选择索性就鬼混下去。

消极的情绪会让你在诱惑面前毫无抵抗力，这时候，自律显得尤其重要。

假如你像动物一样，时时刻刻都听从欲望、逃避痛苦、选择舒服和容易，那么你得到的不是自由，而是奴役。你的人生不是在选择，而是在服从。

换句话说，你想要肆意的人生，就要学会控制和忍耐，比如作息、食欲、情绪等。

成长的过程中一定要学会驾驭自己的欲望，是骑着它快意走江湖，而不是被它拖得遍体鳞伤！

自律在开始的时候是坚持，是忍耐，是死磕到底，但在后期则是随心所欲，是得尽好处。

早睡的人就像早早躲进了船舱里，能顺利地避开情绪的惊涛骇浪。

早起的人则像是第一个入园参观的游客，世界呈现给他的是新鲜、有序的样子。

好好吃饭的人就像是得到了命运的VIP卡，他们的生活永远不会有走投无路的时候。

坚持健身的人则像是掌握了对抗岁月的秘籍，偶尔也会可恶，但是永远可爱。

对自律的人来说，比缺爱更可怕的是缺觉，和爱财同样要紧的是惜命。

他们的显著特点是：能够迅速地进入状态，并且长期地保持专注！

他们知道，健康的身体才配得上有趣的灵魂，而羸弱的身体更像是灵魂的监狱。

21 放弃不难,但坚持一定很酷

- 1 -

刷朋友圈的时候,难得地看到了柳南子的近照。

他剪了短发,配图文字是:"寸头是检验帅哥的唯一标准。"

柳南子是公认的学霸,而且确实很帅,就是长得有点儿着急。

高三那年,他因为没日没夜地刷题,加上精神上高度紧张,头发都白了一小茬儿。有一天在公交车站等车,一个拄着拐的老大爷眯着眼睛问他:"师傅,去火车站是在这里上车吗?"

他用手掐住自己的喉咙,挤出沙哑的声音回复道:"是的,老哥。"

那年高考他考了六百三十九分，但英语只有七十三分。作为文科重点班的数学课代表，数学得了满分的他根本没有意识到英语只有七十三分意味着什么。直到在大学的第一堂英语课上，他用极其蹩脚的英语磕磕巴巴地做完自我介绍，结果惹得全班同学哄堂大笑，他才深刻地感受到了什么叫"崩溃"！

更大的伤害在这节课的下半场：有人说自己在高三那年的词汇量就达到了一万个，而他怀疑自己是否认识一百个单词；有人说自己翻译了全套的泰戈尔诗集，而他连泰戈尔的英文名都不会拼；还有人说自己在高三暑假用英文发表过关于狄更斯《双城记》的论文，而他连给上小学的表弟念英文课文的勇气都没有……

那天晚上成了他人生中一个不大不小的转折点，彻夜未眠的他一直在拷问自己："是就这么认输了，然后在这个高手如林的班级里当一个成绩垫底的人，还是逼自己学好英语，然后把丢过的脸再捡回来？"

他没有认尿，选择了跟英语死磕。那天之后，他只听英文歌，只看英文电影，就连游戏都只玩英文版的……

他甚至在"死磕"的过程中找到了学英语的乐趣。

单词难背，他每背完一个就用水彩笔画掉一个，感觉就像在游戏中杀死了一个小妖怪。

阅读理解的短文难以理解，他就先查词典弄懂意思，然后对着镜子反复读，并且做出夸张的表情和口型，就像在逗幼儿园的小朋友。

听力不行，他就戴着耳机没日没夜地听CNN、BBC，并充分发挥他的"戏精"天分——假想自己就是帅气的主持人或者是正在接受主持人专访的超级明星。

慢慢地，他可以大致看懂不带翻译的TED演讲和英语原声电影。慢慢地，他可以任性地阅读经典的英文小说。慢慢地，他可以轻松地查阅英文文献。

他可以在课堂上用英语跟大家抖机灵了，而不再是把头埋进书桌里，然后祈祷老师别让自己发言；也可以在演讲比赛中用非常标准的发音讲出一大段名人名言，而不是坐在台下当个可有可无的看客。

原来，很多事情并不是因为困难你才放弃的，而是因为放弃了，它们才显得如此困难。

人在受了刺激的时候做某件事，其实并不难。难的是，在漫长得看不到结果的疲倦、枯燥和压力中，依然能够按照既定的方向有条不紊地做这件事。

而这对应着两种完全不同的结局：坚持下来的，成就了一段神话；半途而废的，沦为一个笑话。

那么，在心里咆哮着"我要努力""我要改变""我要像某某那样优秀"的那个你呢？

坚持了一天，就觉得："嗯，这件事很有意义，我一定要继续。"

坚持了一周,就觉得:"呀,没想到还挺麻烦的,希望我能坚持住。"

坚持半个月后,就觉得:"哎,好像也没有那么有意思,先休息一天吧。"

断断续续一个月后,就觉得:"啊?我为什么要在这种事情上浪费青春?"或者说:"啊?我说过这种胡话吗?不可能!绝对不可能!"

事实上,你口口声声说"那不可能"的事情,早就已经有人出色地完成了它。

你提醒自己要"三思而行"的计划,其实还有下半句,叫"再思可矣"。翻译成大白话就是:你都已经想了那么久了,别再磨叽了,来点儿实际行动吧!

可惜的是,很多人终其一生都在做准备工作。

人和人的差距往往都是用实际行动一点一点积累出来的。他背了两个小时的单词,你打了半天的游戏;他刷了三套练习题,你刷了三集综艺;他跑了一千米,你躺了一整天……如果把这些行为统统乘以三十天,再乘以十二个月,差距可想而知。

所以我的建议是,不管你此时的起点有多低,不管你犯了多少错,不管你的进度有多慢,只要你开始了,你就比那些没有开始的人领先了很多;只要你坚持了,你就距离那些优秀的人更近了一步。

坚持不仅仅是为了一个结果，坚持的意义还在于，它让你的青春有了生机和方向。

再多的焦虑和迷茫，都会在行动面前败下阵来。

换句话说，梦想的路上，最大的障碍不是它的遥遥无期，而是你的望而却步。

- 2 -

曾有人在深夜给我发了十多封私信，字数加起来足足有三千多。主要是想表明他对写作的无限热爱，以及他不知道怎么写作的无限困惑。

他说他购买了很多关于写作的速成课程，并且积极地加入了一大堆五花八门的写作学习小组，关注一大堆公众大号，并且申请了好几个个人公众号，但是过了五个月却只写出了两篇文章。

他说他每天都端坐在电脑前，手指放在键盘上面，两眼直直地盯着电脑屏幕，然而脑子里一片空白。

他说每次起个头就感觉糟透了，写了几段话就觉得自己不过是在倾倒一些低质量的、拙劣的、怪异的表达。

他怀疑自己根本就没有写作的天赋，但又不想放弃写作，所以希望我能告诉他一些寻找写作灵感的诀窍和提高写作能力的速成秘籍。

我回复他："关于写作的问题，我实在没有什么诀窍、速成秘籍之类的东西给你。如果世界上真有这种可以一下子打通任督二脉，然后闭门修炼一两个月就天下无敌的东西，麻烦给我发一个压缩包。"

其实我想说的是，大家都一样，并没有天赋过人，多数都是天赋"愁"人的普通人。而写作这种事情是没有捷径可走的。除了写，就是读、想、记……你汲取的东西越多，才越有可能提炼出属于自己的东西。

所谓"我不知道写什么"，归根结底是脑袋里的输入不够，所以无法输出。

这是一个耐心经常缺席、理想经常失约的年代，每天都有人在寻找成功的捷径，以为可以让自己绕开漫长的奋斗过程。

所以我们经常看到这样的宣传语："××英语培训班，一个月让你从零基础到英语流利对话""××写作训练营，三个月保证让你出书""××减肥药，不节食、不运动，轻松瘦二十斤"。

结果是，钱也花了，时间也浪费了，罪也受了，方法也貌似懂了，可自己依然是七窍通了六窍——一窍不通。

而真正优秀的人都知道：所谓捷径其实都是看似笨拙的坚持。

他们知道，要想学好英语，就得下苦功夫去背单词、理解语法；要想瘦下来，就得管住嘴、迈开腿。他们知道，见识上的高明是基于博览群书，不是什么天赋，更不是魔法；成绩上的出众是无数难题磨出来的，而不是什么巧合，更不是运气。所以他们不急功近利，不追求立竿见影，而是每天都朝着既定目标前进。

结果是，他们能在别人浑浑噩噩的时候知道自己该做什么，在别人束手无策的时候找到方法，在别人走投无路的时候找到出口。

所以，越是觉得自己身处人生的谷底，越是觉得比不上别人，就越要靠自己救自己。

怎样才算自己救自己呢？就是忠于自己的渴望，认真地做好手头上的每一件事，不烦躁、不放弃、不敷衍。

哪怕是做饭的时候把握好了调味品的剂量，哪怕是写微博的时候避免了错别字，哪怕是读书的时候记下了几个喜欢的句子，哪怕是晚上早睡一会儿、白天少玩一会儿手机，哪怕是被人拒绝后再多试一次，哪怕是随手关门、随时保持微笑……这对于能力有限、机会有限、起点很低的你来说非常重要。

我想说的是，再遥不可及的目标，如果除以 N 年，再拆成三百六十五份，就都是一些力所能及的小事；再微不足道的小事，如果乘以三百六十五天，再乘以 N 年，也都能成为大事。

改变往往都需要一个日积月累的漫长过程。不要盼着三日不见就让人刮目相看，也不要期望突然间就脱胎换骨、洗心革面，这些都不叫变化，更像是整容或者器官移植。

改变是看不见的，就像你看不清太阳是以什么速度升到头顶的，树叶是什么时候变黄的；就像你不知道什么时候会超过别人，或者被别人甩得远远的。

嗯，积跬步以至千里，积懒惰以至深渊。

- 3 -

曾有人在知乎上发帖求助："怎么暗示老板给自己涨工资？"

他大致描述了一下自己的情况：知名高校毕业，在一家不错的私企工作了好几年，但老板从来没给他涨过工资。他觉得心里憋屈，但又不好意思直接开口提，所以做什么都没有激情，习惯了敷衍了事。

他说："老板什么时候给我涨工资，我就什么时候努力工作。如果老板不给我涨，我就一直这么耗着。互相敷衍呗，谁怕谁？"

其中得赞最多的评论是："如果你能力出众，在公司里无可替代，并且创造了远高于你现有工资的价值，那么根本就不需要暗示，你的老板会主动给你加薪。如果老板不提，那就赶紧走人吧，这样的公司待着没意思。但是，如果你可以随时被更便宜的劳动力取代，那么老板就没有必要给你涨薪，毕竟他不是做慈善的。"

事实上，大部分人努力工作的程度，仅仅只能让他们免于被开除，以及拿到一份不至于让人立刻想辞职的薪水。

人类这个物种，既单纯至极，又狡猾至极。说他单纯，是因为他一旦相信了"努力了就会有回报"，就会马上去努力；说他狡猾，是因为他一旦发现"不努力也没什么问题"，就会想方设法地找机会偷懒！

基于这样的一种本性，很多人不断地被自己的惰性牵着鼻子走。所以我们经常看到有的人，一边狼吞虎咽地吃着垃圾食品，一边幻想自己拥有八块腹肌；一边和舍友通宵达旦地玩游戏、闲聊，一边期盼着各科成绩都名列前茅；一边在办公室里慵懒度日，一边希望自己早日实现财务自由。

要我说，你既然整天混吃等死、昏昏沉沉，毫无生气和动力可言，就赶紧忘了自己的英雄梦想，老实地、心甘情愿地做个平庸的人。既想要前程似锦，又想要毫不费力，你想得可真美啊！

年轻的时候，总是什么都想要，要钱、要权力、要自由、要诗意和远方，但慢慢才发现，真正优秀的人知道哪些东西不该要，也知道哪些东西是拼了老命也要争取的。

所以，当你决心要做一件事情，就不要去问别人"值不值得""行不行"之类的问题。路飞说要成为"海贼王"的时候，你听他问过别人"你觉得我行不行"吗？

你要认清一个事实：每一种选择都有对应的后果，要么是"舒服并绝望着"，要么是"痛苦并希望着"。正所谓"笼鸡有食汤锅近，野鹤无粮天地宽"。

换句话说，你想要某个结果，就要付出相应的代价；如果你觉得受不了，想放弃，那就不要后悔和抱怨。

所有的"咬牙坚持"都意味着"有所牺牲"，但最好的心态是，心甘情愿，愿赌服输。

- 4 -

需要特别强调的是，努力不一定有回报，更不会马上有回报。

只有那些不经世事的小孩子，才会相信"努力了就一定会成功"，才会在"未来"和"美好"中间画上"等号"。

那么，我们为什么还要坚持，还在努力？为什么明明知道失败在所难免，却又要非成功不可呢？

那是因为，有些辛苦无人分担，只能靠自己扛，只能从左边肩膀换到右边肩膀。

那是因为，我们不愿意成为街上一抓一大把的庸人，不想这辈子就这样可有可无地活着。

那是因为，我们不想以后为了钱、为了爱、为了生计而犯愁，不想后半辈子都在做自己讨厌的事情。

那是因为，我们知道好东西都很贵，喜欢的人都很优秀。

那是因为，不论人生的结局是得偿所愿，还是不尽如人意，我们都想不枉来人间走一趟！

所以我的建议是，你最好不要盲目相信这篇文章中的任何一句话，最好连标点符号都别信！如果你的心里没有渴望、行动上不能坚持，那么道理都是废话！

22 优秀不是自我感觉，而是客观事实

- 1 -

　　大概是因为工作日，咖啡馆里当时没有什么客人。服务生端来两杯摩卡之后就自觉地"藏"了起来，估计已经确认了，我们这边只是在聊天，不是打架。

　　坐在我对面喷着脏话的人叫张弛，他把文件用力地往地上摔，暴躁得像一只狗被踩到了尾巴。

　　他愤愤不平地说："我，一个寒窗苦读了二十多年的研究生，现在被一个初中文凭的糟老头子使唤得就像他们家的仆人。不是改这里，就是改那里，可他提的要求简直幼稚得可笑，连起码的美学常识都不讲，真不知道他是怎么混到今天的位置上的！"

说这些话的间隔，他又爆了几次粗口。然后接着说："那几个同事也很势利，除了巴结，什么都不会，要创意没创意，要活力没活力。真不知道年纪轻轻就像退休老大爷那样献媚的生活到底有什么出息！"

他指着地上的文件说："这些方案就是他们做的，糟老头子的意思是，让我参考参考。我参考个鬼咧！"

听他的描述，感觉他恨不得每天都随身带一个"不过如此"的公章，然后见人就盖一下。

等他发泄得差不多了，意识到自己对面还坐着一个活人的时候，才安静了下来。

我劝了一句："跟自己的前途认个怂，不算丢人。"

他说："要我低头，除非他们先跪下。"

我又问："那你是准备辞职吗？"

他眼神躲闪了一下，叹了一口气说，"说实话，在这个行业，其实已经很难找到比这里更高薪的工作了。糟老头子只要再多给我一点儿信任，我肯定能比那帮人优秀得多！"

我之所以劝他认怂，是因为我很确信他这份工作非常有前途。他口中那位糟老头子其实是圈内非常厉害的前辈，而他所谓的那些没有活力和创意的同事其实屡屡在大赛中获奖。

他表面的不屑一顾对应的是他实力上的人微言轻，他神情上的怒不可遏对应的是他处境上的无法选择。

他脸上的不可一世很可能源于他内心的脆弱，他嘴上的振振有词很可能因为他心里满是怀疑，他态度上的轻薄很可能是因为他感觉自己被人鄙视了。

于是，一个长得五大三粗的大小伙子，竟然像是第一次收到情书的花季少女一样内心惊魂未定。

我想说的是：优秀不是自我感觉，而是客观事实！

比如，拿掉学历和人脉的因素，你拿出来的方案足以让大家信服，而无须卖力解释，或者再三说服。

比如，同样一个任务，别人磨磨蹭蹭需要一个星期完成，而你三天就可以做完，并且做得很好。

又比如，你的加入，让一个团队的实力明显提升了一两个档次，或者把整个团队的形象分拉到了平均值以上。

再比如，大家都认为没有任何办法的问题，而你却另辟蹊径把它给解决了。

有一种很常见的错觉是，当一个人对你的实际态度比你希望看到的态度要差的时候，你就会认为自己受到了伤害。你觉得自己被怠慢了，被轻视了，甚至是被侮辱了。但实际上，伤害你的不是别人的态度，而是你对自身分量的误判。

所以在我看来，职场上的不如意，如果统统归结为"是我能力有限"，心里就会好过很多；但如果统统归结为"某某有眼无珠""环境太糟糕"或者"怀才不遇"，那么你的日子就没法过了。

你的职业生涯会越来越像一碗面，刚进公司的时候还表现良好，像刚出锅一样，美味、爽口；可时间一长，就烂成一坨了，既没有力度，也没有味道。

刘慈欣曾说过这样一句话："自以为历尽沧桑，其实刚蹒跚学步；自以为悟出了竞争的秘密，其实远没有竞争的资格。"

所以，别再傲娇地替自己辩解说："如果每个人都能理解自己，那我得普通成什么样子？"

我想反问一句："如果每个人都无法理解你，那你得'奇葩'成什么样子？"

关于"别人不理解自己"这件事，很多人都以为是别人能不能理解的能力问题，而事实上是他们愿不愿意理解的选择问题。

- 2 -

曾有个男生在微博里给我发私信，发着发着，就"炸了"。

等我看到私信的时候，已经是晚上十一点多了。他的第一条私信是"在吗？"，紧接着是"你怎么不在？"，然后是"你怎么还不在？"，再然后就发火了："你有什么了不起的，跟你说话还不理人？"

为了显得我很大气，我回复了一个笑脸，并解释说："抱歉，我不可能二十四小时都在刷微博。"也不知道有没有得到他的原谅，他直接提问了。

大致情况是，他是一名大三学生，大学这几年差不多读了两三百本书，但是读得越多，他就越感觉与身边的同学聊不到一起去，他觉得别人的言谈太庸俗，觉得跟他们聊天纯属浪费时间。他不知道怎么面对这种情况，也弄不清楚到底是自己的性格有问题，还是心理出了问题。

看完他的描述，我睡意全无，感觉就像是花了半小时数的羊，突然间全都跑光了。

我问他："刚进这所大学的时候，你跟他们能聊得到一起去吗？"

他回答说："也不能。但那时候只是觉得没有什么可聊的，现在更像是瞧不起。因为他们每天不是聊游戏战况，就是说明星八卦，再不就是讲一些低俗笑话，感觉他们好无聊，根本就不配待在这么好的大学里。"

在我一时语塞的时候，他向我说明了他的对策："我退出了所有与他们相关的群聊，朋友圈也屏蔽了他们，并且自己建了一个私人的微博……实在是不想跟他们有任何交集。"

我先是用大段的文字试图跟他解释"求同存异"的必要性。大意是说，每个人都有他的喜好和长处，有人擅长玩游戏，有人擅长社交，有人擅长制造快乐……从不同的角度看，这些都是优点，和你看了很多书一样，并没有优劣之分。

他回复了一个字："哦。"

然后我又用大段的文字试图提醒他从自身去找找原因。比如，是不是觉得被排挤了？是不是平时在生活中发生了不愉快的摩擦？又或者，是不是在这个小圈子里找不到优越感？

他又回答了一个字："哦。"

突然间，我的脑海中出现了这样一组画面：两头牛一边吃草，一边聊天。一头牛对另一头牛说："虽然圆周率经常被简化为3.1415926，但它实际上是一个无限不循环的小数。"

另一头牛回答道："哞。"

每个人都觉得自己是独一无二的，但实际上并没有那么多的与众不同。

就算你在小学是学霸，在中学被老师宠上了天，然后以全校、全市前几名的成绩考上了非常厉害的大学，你在大学里也没什么特别的。因为你周围的那些同学，也有可能在小学、中学是学霸，也是他们所在城市的前几名。

就算你的学历很高，拿了很多奖，考了很多资格证书，你在你们公司也没有什么特别的，因为你周围的那些同事，也都有很高的学历，也都拿过很多奖，也是击败了诸多高手才进入公司的。

你能进入一个优秀的圈子，仅仅是因为你的某个条件符合了这个优秀圈子的准入门槛，但这也是所有新成员的准入条件。对这个圈子而言，你其实并没有什么特别之处。

一个成年人，如果始终认定别人就应该认同自己的审美和喜好，不满意就暴怒、攻击、鄙视，并且丝毫不认为自己有问题，通常这辈子也优秀不到哪里去。

真正优秀的人，不会轻易瞧不起身边的人，因为骨子里的教养不允许，因为储备的理论知识不允许。

很多人都有这样的错觉，以为自己的三观更正确、更优秀、更高大上。这也导致了偏见和鄙视无处不在。

比如，一些学历高的会鄙视学历低的，觉得他们没什么文化；一些学历低的也会鄙视学历高的，觉得他们完全没有情调。

比如，一些做销售的会鄙视程序员，觉得他们太宅了；一些程序员也会鄙视做销售的，觉得那种工作太没有技术含量了。

又比如，一些整日晒旅游照、电影票根的会鄙视整天晒娃的，觉得他们不懂生活；而后者也会鄙视前者，觉得他们铺张浪费。

于是，为了刻意表现自己的与众不同，但凡是别人喜欢的，你一定反对；但凡是别人推崇的，你一定不屑。

但问题是，瞧不起别人并没有让你了不起。

我替你担心，怕你费尽心思地朝着"特别"的方向努力，最后变成了"特别普通"或者"特别怪异"的人。

- 3 -

电影《心灵捕手》中有一大段非常经典的台词，大意是：

"你只是个孩子，你根本不知道你在说什么。

"如果我问你什么是艺术，你可能会提出艺术书籍中的理论，但你并不知道西斯廷教堂的气味，你不曾站在那儿，昂首眺望天花板上的名画。

"如果我问你什么是战争，你大可以向我谈及莎士比亚，背诵'共赴战场，亲爱的朋友'，但你从未亲临战场，你不曾把挚友的头抱在膝盖上，看着他吐出最后一口气。

"如果我问你什么是爱情，你可能会吟风弄月，但你从没看过女人的脆弱，也未曾真心倾倒。"

事实上，十几二十岁的年纪，多数人都是"以为无所不知、实际一无所知"的懵懂青年，就不要把自己当作洞悉真理的世外高人了；多数人三代以上基本都是农民，就不要装得像是世袭的贵族了。

很多时候，你只是你自己眼里的神，在别人眼里很可能是一朵盛开的"奇葩"。就像路灯都齐齐地亮着，有一盏灯坏了，所以是一闪一闪的。它确实因此而不同了，但那并不是优秀。

不要强调自己多么厉害、多么出众，也不要逢人就说自己吃了多少苦头、会多少门武功，更不要试图用语言或者情绪去改变一个人对你的看法或者态度，而是应该努力去理解并且欣赏自己本质上的微不足道和事实上的非常普通。

成长的过程中，我们一点点认识到这个世界的荒诞不经和铁面无私，一点点地理解它的坚硬和不圆融，也一点点地认识到：这刚刚起步的人生一共就发生了这么点儿事，没什么好装的，因为真的没那么深刻。

希望有一天，你能慢慢地接受自己的平凡和才华有限，慢慢接受不被理解和不被看好，就像慢慢接受自己终会变成一个不那么可爱的大人的事实。

成熟就是，不再自命不凡，也不再妄自菲薄，对内消除傲慢，对外消除偏见。共勉。

Part V

实际上，时间只是一个自称包治百病的庸医

时间只负责流逝，不负责让你成长；只负责掩埋，不负责疗伤；带来苍老，但不一定带来成熟。

它制造了很多美好的幻想，却留下了很多的遗憾。它只是一个无情的看客，而你要自行承担过程和结果。

23 大脑是你的自留地，不是别人的跑马场

- 1 -

有个喜欢尬聊的亲戚太可怕了。表妹今年都二十七岁了，她大姨还经常问她："你是喜欢爸爸，还是喜欢妈妈？"

她跟我讲这件事情的时候，我笑得眼泪都要飙出来了。而表妹则淡定地说："我都见怪不怪了。"

考上博士那年，她大姨驱车两百公里专程到她家里劝表妹："闺女啊，你也老大不小了，你爸妈也一把年纪了，可不能再这么读下去了，你总不能啃一辈子老吧？你看你那个读博士的表哥，读了快三十年的书，最后不就是当个普通的老师吗？没什么前途，你一个姑娘家，耗不起，赶紧找个人家嫁了吧！"

表妹没有告诉她自己早就经济独立了，也没有说自己拿到了奖学金和各种补助，而是笑呵呵地说："知道了，大姨，我明天就去相亲。这博士我也不念了。"

说完就回自己的卧室收拾行李，准备第二天就去北京读博。

后来，表妹拿到了去新德里学习的机会，她大姨知道了，当天晚上就给她打了两小时的电话，苦口婆心地细数这次行程的风险和无意义。大姨语重心长地对她说："闺女啊，你看你也不听大姨的话，叫你别去读博，你还是去了。现在还要去印度，电影里都说了，那个地方人多事多，很危险的。再说了，现在出国镀金已经没有什么用了，你不如回老家，大姨给你安排个好工作！"

表妹没有告诉她这次出国不是为了镀金，而是去拜访专业领域的顶尖人物，也没有向她解释电影是虚构的，而是很认真地对大姨说："放心吧，大姨，我不去了，一会儿就跟导师说明情况。正好有同学想去，我把机会让给她。"

挂完电话，她就打开电脑，继续做新德里之行的攻略。

我问她："你那么做就不怕你大姨知道了失望吗？"

她一脸轻松地说："反正在她眼里，我就是一盘酸菜鱼，又酸又菜又多余。反正我做什么，都会有人失望——所以，管他呢！"

在社交如此便捷的时代，我们难免会被人指点，既有关心的成分，也有干预的成分。如果你坚信自己是在做正确的事情，坚信自己是在朝着目标奋进，那就请你保持微笑，继续努力，用结果来证明自己，而不是用怒火来毁掉关系！

你要明白，你飞得越高，在那些飞不起来的人眼里的形象就越渺小。

判断要不要接受指点，其实有两个非常重要的参考指标：一是给你建议的人，他的生活是你想要的吗；二是给你建议的人，你有他那样的优越条件吗。

那么你呢？

你是真的喜欢那种类型的电影，还是因为朋友圈里关于某部电影的讨论异常热闹，所以你也要去看？

你是真的非常讨厌某个作家的言论，还是因为看到大家都在声讨他，所以你也跟着去讨厌了？

你是真的向往那种生活，还是因为那些有头有脸的人都在赞美那种生活，所以你也努力去那样活着呢？

仅仅是因为某个故事的主人翁得了不治之症，然后身为亿万富翁的他说了一句"钱不重要"，所以，你也觉得钱不重要？

仅仅是因为听到一个陌生人评价了一句"样式过时了"，所以你就放弃了那件心仪很久的呢子大衣，甚至开始怀疑自己的审美？

仅仅是因为一个多嘴的邻居说了一句"看起来不是很般配"，所以你就对自己的恋情充满怀疑，甚至反问自己会不会太乐观了？

仅仅是因为一个不太熟的朋友提了一句"不靠谱"，所以你就放弃了跳槽的机会，继续苦熬着一眼望得到头的无聊工作？

仅仅是因为某篇文章劝你"要慎独,要做自己",所以你马上得出结论:合群的都是傻子,不合群的才是精英?

我想说的是,我们在人世间行走,其实都像是小马过河,河水既没有老牛说的那么浅,也没有小松鼠说的那么深,不要因为别人说了什么而过分自信或者悲观,也不用总想着要向世界解释自己,更不要被身边那些暂时得利的表演者、浮夸者、造假者迷惑。拿出诚意和时间,实实在在地做事,按部就班地实现自我价值,最后胜出的一定是你。

别人都在讨厌的事物,你很喜欢,这一点儿不奇怪;别人都很喜欢的东西,你很不喜欢,这也不丢人!

你的人生不需要那么多的"别人说",而是要搞清楚"自己想要什么"。

- 2 -

一个男生给我发私信,说起他的职场遭遇时竟然委屈得像是"男版的窦娥"。

他说他从一流的大学毕业,去了二流的城市,进了三流的公司,做着十八流的事情。他本以为自己是"鸡窝里的凤凰",没料到自己其实是"鸡窝里的笨蛋"。

刚进公司的时候,大家都特别器重他,不管是上司还是同事,都对他很客气，一些四十多岁的老员工跟他说话的时候都用上了"您"，并且还有人时不时地恭维他："名校毕业的大学生来我们这小公司，真是屈才了！"

他一开始不觉得屈，但时间长了，他的心态就变了："我为什么来这里？我当年学习研究的是智能机器人，现在居然跟一群没什么学历的大老粗一起做修理农机这种没什么技术含量的事情！"

有一次，公司接了一个难度较大的任务。结果大家一致认为"必须让名校大学生去做"，理由是这个任务太难了，如果他都搞不定，那其他人就更搞不定了。

可怕的是，这个男生也这么觉得。他累死累活地忙了半个月，最后却糟心地发现，学历和能力是两回事，懂得原理和解决问题也是两回事。

他的"首秀"演砸了。因为耽误了工期，上司破天荒地对他发了脾气，而那些经常恭维他的同事则窃窃私语道："名校的大学生也不过如此嘛！"

看见没有？对你竖大拇指的人不一定是在夸你，还有可能是在拿炮瞄你！

"捧杀"是最温柔而且最容易被人忽视的陷阱！

比如，你习惯了在朋友圈里晒自拍，每次都会收获一大批言过其实的赞美。被夸的次数多了，你就真的以为自己很美。

又比如，你的某篇文章、某个视频火了，有人夸你有趣，有人夸你有才，你就飘飘然地觉得自己红了，以作家自居，以"大V"自居。

然后呢，你就会带着一种莫名的优越感与人相处，可现实不会配合这样的表演。

你被夸之后有多自恋，幻觉破灭之后就有多失落；你被捧的时候有多得意，被骂的时候就有多悲摧。

想起一个关于导演斯皮尔伯格的故事。

当电影《大白鲨》大获成功之后，美国的一本杂志将二十七岁的斯皮尔伯格选为封面人物，并在那一期杂志上对他大加称赞。

当杂志被送到片场时，斯皮尔伯格却连看都没看。制片人很惊讶地问他："整本杂志都在赞美你，你怎么不看一下？"

斯皮尔伯格回复道："如果我现在相信他们对我的称赞，那么接下来，就会相信他们对我的攻击。"

所以我的建议是，听见有人称赞自己，尤其是那些不熟的人的称赞，不要太当一回事儿，听听就算了，笑笑就完了。

什么"你真可爱""你好善良""你真有才""你好真诚"，都不算什么正经词儿。你都活了这么多年，居然只有这些虚头巴脑的优点，不觉得搞笑吗？

再说了，那么在乎陌生人的评价，请问你是淘宝卖家吗？

你到底是大树还是小草，自己要知道，不要听到有人夸你是参天大树，就得意忘形地以为自己真的是大树了。

不轻易相信别人的肯定和赞美，你就不会轻易被别人的否定和批评伤害到。

- 3 -

再讲三个笑话。

A 在商店门口偶遇了 B，惊呼道："我的天哪，我听 C 说你上个星期去世了。在市中心医院因为脑出血去世的，说葬礼就定在明天，我都买好了去参加你的葬礼的车票了。"

B 笑着说："你看我不是活得好好的吗？你听到的肯定是谣言！"

A 回答道："不可能，C 说的比你说的可信多了！"

第二个笑话是我很喜欢的作家詹姆斯·瑟伯在《大坝垮的那天》中提到的。

在人头攒动的街上，突然有一个人向东边跑来，可能是因为约会要迟到了，也可能是因为别的什么事。然后，另一个人也跑起来了，可能是个报童。接着，真有急事的胖绅士也跑起来了。十分钟之后，整条街的人都跑起来了。有人喊"大坝"，接着有人喊"大坝垮了"，没有人知道是谁先喊的，也没有人知道到底发生了什么，但是几千人突然跑起来了。甚至还有这样的喊叫：向东边跑，那里远离河流，更安全。

第三个笑话更好笑。

一个年轻人装修房子，想给餐厅的墙贴壁纸，不知道该买多少，自己又懒得测量具体的尺寸，就去问隔壁的大爷，因为两家的户型是一模一样的。

大爷回复说："我家买了七卷。我记得很清楚，是在一家养了很多花的壁纸商店买的。我还很认真地比对了花纹。"

年轻人二话没说，也去买了七卷，贴到第四卷的时候，发现已经贴满了。于是年轻人就去问大爷："我家怎么多了三卷？"

结果大爷慢吞吞地回复道："这么说来，你家跟我家一样，都是多了三卷。"

不明真相却还能滔滔不绝就像是亲临了现场，无凭无据却言之凿凿就像是掌握了内幕，这样的人给出的结论无非是：聋子听哑巴说，说瞎子看见鬼了！

周国平曾写过："每个人都睁着眼睛，但不等于每个人都在看世界，许多人几乎不用自己的眼睛看，他们只听别人说，他们看到的世界永远是别人说的样子。"

导演杨德昌也在电影《麻将》里设计过类似的台词："这个世界上没有一个人知道自己要的是什么，每个人都在等着人家告诉你怎么做，他就怎么做。你要很有自信地告诉他们该怎么做。"

关于生活，其实大家都是矮子踮脚看戏——随人说长论短罢了。但脑袋是你的自留地，不是别人的跑马场。

怕就怕在真相不明的前提下，你得出结论的方法是全凭脑补！

于是，有人绘声绘色地传，有人毫不犹豫地信。

今天爆出某某做了坏事，一大群人就一窝蜂地去声讨；明天有人出来辟谣，于是又有一大群人跟着洗地。

今天看到某个爆炸性的新闻就滔滔不绝地点评、转发新闻，明天被告知那是个假新闻，又马不停蹄地去骂最初的爆料者。

一个新时代的年轻人最该有的姿态是，在事实尚未明确的时候，能够耐心地等待真相！

比如你非常喜欢某个明星。

如果有事实证明他其实是个十恶不赦的大坏蛋，那么你就应该检讨自己：为什么会那么盲目而狂热地追捧他？你不该在他东窗事发之后，把自己描述成一个完全无辜的受害者。

如果他事实上只是无心之过，却被很多人唾弃、咒骂，那么你就不该跟风去抨击他。你至少不该动摇自己的信念！

在蜂拥而至的消息和便宜的建议面前，你应该始终保持一种谨慎的态度："我听到的一切都只是一个观点，不等于事实；我看见的一切都只是一个视角，不等于真相！"

在信息爆炸的年代和见识有限的年纪，你应该努力让自己成为一个有主见的人：不因曲解而改变初衷，不因冷落而怀疑自己，就算所有人都告诉你"那样不对"，你也会像树一样不挪半步。凡是可以说的，都能说清楚；凡是不能谈的，就能永远沉默。

多听，多求证；少争，少嚷嚷；接受每个人的责难，但保留你最后的裁决！

反正到目前为止，关于"如何长命百岁"的问题，我多方求证的答案是：每天吃一颗肉丸，然后吃它个一百年！

24 勿因未候日光暖，擅自轻言世间寒

- 1 -

在我的词典里，"神经病"是个褒义词。每次和老余见面的时候，我的第一句话都是："神经病，你好啊！"

老余是我高中时结交的死党。第一次上课，做自我介绍的时候，他一番慷慨陈词，然后向全班同学发难："初次见面就喜欢我的人，请举手。"大家面面相觑却无动于衷，于是他补了一句："初次见面就不喜欢我的人，请倒立。"众人哈哈大笑。

也就是那天，我做了一件一生当中最奇怪的事——我走到讲台边，当着全班同学的面完成了倒立。

讲台上的老余笑得快要站不住了，嘴里喊的是："神经病啊你！"

说起来也很奇妙，我和老余相识多年了，也互损了多年。虽然后来去了不同的城市上大学，在不同的城市工作和生活，也会在电话里"嘲笑"对方。

他笑话我腿短，我笑话他头大；他看不上我写的文章，我瞧不上他做的设计。

他手上有我打球时露出狰狞表情的照片，我手上有他被人拒收的情书原件。

他知道我第一天上班时错进了女厕所，我知道他二十一岁那年尿过床。

我们互相保存了对方的糗事和丑照，友谊就像是完成了某个盖章认证的仪式。

我们联系的频率并不高，间隔最长的一次有半年没有任何互动。但如果谁给对方拨通了电话，那么一小时是根本不够聊的；如果聊一小时，那么说正经事不会超过三分钟。

基本上都是"我和室友吵了一架""我喜欢的人有喜欢的人了""我做了一顿难吃的晚餐""我买了一双超喜欢的鞋子""我家狗把粪便拉沙发上了""我把仙人掌养死了"……

何为友情？

就是一见如故，再见如初；就是没事就往死里黑对方，有事就拿命来挺对方；就是不需要浮在表面的客客气气，也不必在内心深处做足戒备；就是所有的碎碎念都能得到热烈的回应，所有的无聊小事都能聊得热火朝天。

拥有一个愿意和自己分享生活里的鸡零狗碎，以及自己所有独当一面和不堪一击的样子的朋友，绝对是人生的一大幸事。

然而，在很多人的眼里，友情被视为墙头草，哪边吹的风大就往哪边倒。

有很多人感慨："我有很多朋友，但没有好朋友。"还有人唏嘘："生死之交遍布天南海北，同城却找不到一个一起吃饭看电影的人。"

可问题是，你总把自己绷得紧紧的，一副刀枪不入、无所不能的样子，那你的朋友得出结论只会是：看来你已经不需要我了。

你说出的话总是前言不搭后语，待人的态度总是不情不愿，那你的朋友的感受注定是：原来你并没有拿我当朋友。

友情和爱情一样，都需要诚信经营。

你没想过要和某某人做一辈子的朋友，那自然不会理解陈佩斯评价朱时茂时说的那句话：从来都不会想起，但永远也不会忘记。

你没有幸运到参加一场毫无压力的朋友聚会，自然就理解不了木心的那句诗：昨天有人送我归来 / 前面的持火把 / 后面的吹笛。

你什么事都想争个赢，什么话题都想占上风，什么亏都不肯吃，把朋友当作辩手、梯子、靶子、小贩，整天讨价还价、斤斤计较，那么你得到的自然是针锋相对的人际关系和缺斤少两的关怀。

你抱着一颗功利、世故、势利的心参与社交，辛苦地假笑迎人，热闹地心口不一，那么你拥有的只会是不靠谱、不纯洁、不牢固的圈子。

确实，真心不一定能换来真心，但不真心一定会换来不真心，敷衍一定会换来敷衍，防备一定会换来防备。

手机那么好玩，电视那么好看，被窝那么温暖，为什么朋友要忍痛放下它们来陪你？

洗发水那么贵，化妆品那么贵，衣服鞋子那么难清洗和打理，为什么他宁可牺牲它们也要出门来见你？

人潮那么汹涌，青春那么仓促，为什么朋友要选择在你身上浪费表情？

所以，不要一有矛盾就任性地绝交、冷战，一有分离就潇洒地"再也不见"，然后说什么"因为有了绝交，所以才有至交""因为有了分离，所以才有新的遇见"。

我想问的是，难道不是因为有了这么多随随便便的"绝交"和不可避免的"分离"，所以你越来越没有什么朋友吗？

一个善意的提醒，不论是出糗，还是露出破绽，多留一些"把柄"在你认为重要的人手上，才会让人念念不忘！

- 2 -

可可小姐常年扎着一个马尾辫，虽然她远嫁杭州多年，但心里住着的小孩还是不想长大。

大概是从朋友那里听了太多婆媳不和的事情，可可小姐在很长一段时间里都以为，婆媳就是天敌！

在她的孩子出生的那天，可可小姐刚被推进产房就怪叫了一嗓子，医生和护士赶紧问她怎么了，结果她攥紧的拳头里递出来一张字条，上面写的是："大慈大悲的医生，如果一会儿发生了意外，不管外面那帮人怎么说，请你一定要先保我。"

医生和护士都被她逗乐了。然而让可可小姐没想到的是，护士小姐从口袋里掏出了另一张小字条，上面写的是："如果发生了意外，请一定要保住大人。"落款正是她的婆婆。

后来的相处也再三证明，可可小姐想多了。

有一次，可可小姐和她老公吵架了，气得跑到阳台上闷声哭。不一会儿，她听见婆婆在大声地训斥她老公："你家祖坟冒青烟了才找到这么好的媳妇，你居然还气她？你浑蛋不浑蛋？"然后又过来安慰可可小姐："男人都不是什么好东西，别理他，气着自己不值得。"

看着婆婆像闺密一样维护自己，可可小姐的气瞬间就消了。

还有一次，全家人去澳门玩，她老公看中了一条花纹领带，婆婆拦着死活不让买:"两千多买条领带,你以为你是暴发户啊?"后来可可小姐试背了一款包包,标价五千多,她婆婆连连称赞"你背着真好看",然后非常痛快地给她买了。

在一旁的老公不乐意了:"到底谁是亲生的啊?"

我想说的是,婆媳虽不是母女,但也绝不是天敌。

婆媳可能是世界上最微妙、最难搞的关系,皆大欢喜的少,剑拔弩张的多。

儿媳因为婆婆年纪大了,就认定她没见识、没思想;婆婆因为儿媳年纪小,就认定她不懂事、不靠谱。彼此带着偏见相处,只会将细微的不满和无意的怠慢无限放大。

于是,"提出建议就是对我强烈不满""眼神飘忽就是有事想要骗我""拒绝照我说的做就是不知好歹""没有主动跟我说话就是生我的气了"……

久而久之,婆媳关系就从"偶尔不满"升级成了"饱含敌意",定格为"我看不惯你,但也不想惯着你"和"我不怕你,而且不怕你讨厌我"。

是的,破罐子破摔很酷,不顾对方的感受说出狠话很酷,单方面"宣战"很酷……但是,容忍也很酷,照顾家庭成员的感受也很酷,在事态严重之前选择停战也很酷。

我想说的是,对抗真的太容易了,但把生活过好才是真的酷!

因为你要明白，生活的目的不是以"同归于尽"的方式去辨明对错，而是要为自己营造一个舒服的、自在的生活环境，要给孩子打造一个积极的、健康的成长空间，要为爱的人建立一个轻松、温馨的家庭环境。

和谐的婆媳关系是：自有主见却不会自作主张，能听意见但不必唯命是从！

做儿媳的，你对亲妈比对婆婆更亲热很正常，买更贵重的礼物给亲妈很正常，拿更多的时间陪亲妈也很正常。

但希望你同时能够理解，做婆婆的关心她儿子比关心你更多很正常，给儿子的赞美和掌声比给你的更多很正常，有意无意间表现出"站在儿子那边"也很正常。

做婆婆的，你可以要求儿媳尊重你，但希望你同时能明白，你不是她亲妈，既没有生她，也没有养她，除了给她一个老公和一点儿彩礼，对她个人而言没有什么付出。

所以，你对儿媳的否定意见应该有所保留，而不是打着"都是为了你们好"的旗号去下命令；你对儿媳的天然敌意应该有所克制，而不是以"过来人"的身份横加指责。

做老公的，你可以对你的妻子说："她是我妈，年纪大了，你让着点儿。"但同时希望你也对自己的亲妈说："我们是一家人了，她是我的妻子，也是你的儿媳，是晚辈，请你多担待点儿。"

婆媳矛盾如果转换成婆婆和老公的矛盾，或者转换为儿媳与儿子的矛盾，就会相对缓和得多。老公有心去调节，婆媳都会收敛三分。否则的话，世界上就会多出两个怨妇和一个失意的已婚男人！

怕就怕，有些笨蛋老公就像打火机一样，哪里不火点哪里！

- 3 -

收到一个男生的私信。他说自己是一位工作大半年的职场新人，在公司里待人礼貌，有求必应，但几乎没有人叫他参加同事聚会；在工作上任劳任怨，可领导给他分配的都是复制粘贴、整理文件的杂活。他感觉自己像个外人，像个保姆。

这也就算了，公司前阵子来了一位新员工，整天叽叽喳喳地说个没完，不管是同事还是领导都被他逗得哈哈乐。

让这个男生崩溃的是，昨天总监拿水果给大家吃，直接越过他的脑袋递给了新来的那位同事。

男生非常失望地说："我勤勤恳恳大半年不如他溜须拍马一个月，人情社会真的太恶心了。"

我回复道："亲戚是越走越亲，人情是越用越厚。人情社会没有问题，有问题的是你不能适应人情社会。"

我想说的是，真正把你比下去的，不是别人讨喜、比你能说会道,而是你长期把自己锁在不甘心的情绪里,想要出人头地却在实力上长进甚微。

真正让你难受的,不是人情社会的恶劣,而是你只看到了他溜须拍马的表象,却没看到他能力出众的实质;只看到他四处闲聊的热闹,却看不到他沟通和学习的主动性。

任何社会都多多少少会讲人情,但不是只讲人情;大多数人都喜欢听好话,但真正有用的不只是好话。

在人情社会里,不要死盯着它"虚假"的一面,不妨将人情社会当成一场假面舞会。

大家戴着各式各样的面具,有人凶神恶煞,有人悠然自得,有人得意扬扬,有人笑容可掬,没有人知道面具之后是什么样的人。

但是,如果你用真诚去与人接触,那么还是会遇到一些或者有趣或者有用的家伙。

就像一位作家说的那样:"社会只爱健康的、聪明的、肯拼命的人,谁耐心跟谁婆婆妈妈,一目了然。生活中的一切都变成公事,互相利用,至于世态炎凉,人情淡薄,统统是正常的。"

最要紧的是,你要练出真本事。要日复一日地投入时间和精力,而不是日复一日地逃避和抱怨。

想对一些有上进心的职场新人说,如果一个老板大大方方地跟你谈钱,那他跟你谈理想的时候,你一定要认真听,因为你极有可能在他的未来规划之中。怕就怕,他只跟你谈理想,从不谈钱。用大白话翻译一下就是：什么都不想给你，又什么事都想让你做。

想对一些有野心的老板说，如果一个员工底气十足地跟你谈钱，那你一定要给出有诚意的回应，因为他十有八九是有能力为你赚钱的。怕就怕，有些员工从不要钱，也从不卖力干活。

现实的残酷之处就在于：不管你有没有努力，一旦搞砸了，就一定会有人认为是你不够努力。

而现实的美好之处在于：不管你曾经何其卑微，一旦做出了成绩，全世界都会对你和颜悦色！

- 4 -

面对着汹涌澎湃的现实，很多人常常会感到自身的渺小和无力，会感受到现实的强大和不讲理。

于是，一遇到不公平就怀疑所有的公平、正义、规则，一遇到欺骗就怀疑所有的真善美，一遇到聊不来的人就急匆匆地分道扬镳，一遇到不如意就难以自拔地灰心丧气……

然后，一点儿风吹草动就让你的内心紧绷，一点儿道听途说就让你高度戒备。结果是，你的心眼儿越来越小，你的心脏越来越脆，你的生活态度越来越消极。久而久之，你变成了玻璃心，还患上了"被迫害妄想症"。

但我想说的是，在这个光怪陆离的世界里生活，谁都会受点儿委屈，谁都会有苦衷，谁都是如此！

谁没有遇到过飞机晚点？谁没有被抢过道、插过队？谁没有被人欺骗和辜负过？

谁没有遇到过不负责任的同事？谁没有过几次徒劳无功的努力？谁没有遇到过几个让人讨厌的上司？

谁没有被父母误解过？谁没有谈过几次无疾而终的爱情？谁没有几个分道扬镳的朋友？

正是因为现实并不是十全十美，所以才值得你为之努力；也正是因为生活不会总是顺风顺水，所以你更需要保持乐观。

接受现实才能被现实接受，相信美好就会遇见美好。不要让自己停留在臭烘烘、潮乎乎的角落里，误以为全世界都是这样。不是的，世界上还有很多很多的美好，等着你去发现和感应。

生活向你亮出刀刃的时候，不要每次都被它吓得落荒而逃，而是要拿出耐心，相信它还会拿出一块蛋糕来！

这样的你，就能在无人捧场时也能幽默自嘲，在吃过暗亏后还能仗义相助，在不被欣赏时依然气定神闲，在得不到回应时仍旧一往情深。

有人觉得这很心酸，有人因此而与众不同！

25 时间只是一个自称包治百病的庸医

- 1 -

徐娇讲事情总是喜欢铺垫。比如昨天,她跟我聊她爸爸,却从她"烦人"的老公说起。

徐娇问她老公:"我的黄瓜味薯片哪儿去了?"

玩手机的老公答:"不知道。"

徐娇追问:"是不是你吃了?"

对方答:"我没有,是你自己吃了吧?"

徐娇不高兴了,吼了一句:"猪吃的!"

对方也提高了音量:"是猪吃的!"

两个人都不示弱,循环了八遍之后,在收拾厨房的老爸插话了:"我吃的!"

徐娇窃笑了好半天，之后又拿着平板电脑看了半集电视剧，她爸爸才从厨房里忙完了出来。

徐娇说："爸，你歇一会儿吧。"

她爸爸指着手上的垃圾袋说："等下楼扔了这个，我就歇着了。"看着爸爸弯腰驼背地拎着垃圾袋往门口走，她的心"咯噔"一下，因为那个"等"字。

她着重强调了她爸爸惯用的句式："等……就……"

上中学的时候，他总说："等你考上大学，我就安心了。"

考上大学之后，他总说："等你毕业找到工作了，我就享福了。"

工作之后，他又说："等你结婚了，我就踏实了。"

结完婚，他还是闲不下来："等你有孩子了，我就不那么着急了。"

徐娇有了孩子之后，他又说："等你的孩子上学了，我就彻底解放了。"

徐娇对我说："我把他接来我家是让他安享晚年的，结果他像个保姆一样，又照顾孩子，又做家务，拦都拦不住。真是不知道该怎么劝劝他！"

我回复道："你不用劝啊。你把日子过好了，不管他做什么、吃什么、在哪里，都是安享晚年。如果你的日子过不好，就算他住在皇宫里，天天吃山珍海味，也是折磨。"

换句话说，你不快乐，才是不孝；你不幸福，就是辜负。

时间是一个庸医，治愈不了父母对子女旷日持久的担心。

纵然父母盼望的每件事都如期而至，但因为对子女的关心丝毫不减，所以总是习惯性地把承诺一拖再拖。

他们在工作中挺着，在家务中扛着，用肩膀承受着年龄和角色赋予他们的重压。他们也会累，也会疼，但因为有他们想要保护的人，所以装得无所畏惧，累得甘之如饴。

那么你呢？是不是也在频繁地使用"等……就……"的句式呢？

小时候信誓旦旦地说："等我长大了，就给你们买大房子。""等我有钱了，就给你们买大飞机。"

后来，你去了几次远方，就炫耀式地向他们保证："等我有机会了，就带你们来看看这里。""等我有钱了，就带你们去吃这个。"

再后来，你在远方落地生根，口吻却依然不变："等我放假了，就在家里多待几天。""等我忙完这阵子，就带你们去旅游。"

更有甚者，因为父母不能在经济上满足自己，还满心的委屈，觉得自己的人生被父母拖了后腿，内心深处的想法是：如果自己有厉害的父母，一定能比同龄人更成功。

全天下的笨蛋孩子，你来到这个世界，不只是来贪图享乐的，还是来还债的。你的债主不只有房贷、车贷和各式各样的分期付款，不只有你的恋人、孩子，不只有你的远方、梦想，还包括你的爸爸妈妈。

在无情的时间面前,子女的成长和父母的衰老并肩而行。子女们不知不觉地羽翼丰满,父母则悄然老去!

有人说,谁都有犯错的时候,这就是要给铅笔装上橡皮擦的原因。

可在"孝"与"顺"这件事情上,你犯错时用的工具是刻刀,是油漆,橡皮擦不会总有用!

别忘了,为人子女是有"有效期"的!

- 2 -

一天深夜,D姑娘突然对我说:"老杨,我好难过。刚才手欠点开了前任的微博,知道他又恋爱了。那个女生比我好看,比我家境好,比我温柔,我知道我配不上前男友,但在一起三年多了,也付出了那么多,所以分了大半年,还是很想他。马上要考试了,我一点儿心情都没有,根本就看不进去书,感觉自己很没用。"

我回复她:"嗯,你确实挺没用的。那就别看书了,继续想他吧,等你耗光了这个月,就不用考了。"

她说:"这个回复不够犀利,有没有那种惨绝人寰的?"

我答:"他们甜蜜蜜算吗?"

她发了一堆捂脸的表情,接着说:"太狠了!可是老杨,不是都说时间能治愈一切嘛,为什么我还是忘不了他?"

我回答道:"时间并没有治愈什么,只是给了你喘息的机会,让你去处理伤口。在这段时间里还会发生一些别的事情,就像大雪一样,一层一层地盖住伤口。但这只是盖住了,伤口并没有愈合,只要你想刨,总能刨出点儿哀怨和不甘心来。"

我知道,有人会劝你去旅行,去喝醉,去消费,去找新欢,但旅行回来依然失落,酒醒之后依然难过,余额为零时依然恼火,梦醒时分发现自己并不喜欢新欢……这时你才发现,时间并不靠谱。

还有人有安慰你"都会过去的",可你看书的时候发现他在文字里,走路的时候发现他在人海里,看电影的时候发现他在故事里,睡觉的时候发现他在梦境里……

于是你自怨自艾地唱:"你是我患得患失的梦,我是你可有可无的人。毕竟这穿越山河的箭,刺的都是用情致疾的人。"

其实,真正能治愈你的,从来不是时间,而是明白!

明白自己还有很多要紧的事情要做,所以往事不提了,就此别过吧!

明白时间轰隆隆地朝前飞驰,只要不回头看,那么之前的种种就不可能再出现了。

明白生活还要继续,日子还得过;明白自己的想法、感受和标准都是会变的。

明白登上的车次错了就是错了,不能因为投了币就拒绝下车,那只会让自己错得越来越离谱。

错的人不会因为你日思夜想、念念不忘就变成对的人。但不可否认的是,错过的人也是你深爱过的人,不会因为拉黑、断交就能变成毫不相干的人。过往的回忆会像图钉一样留在时间的长轴上。

但庆幸的是,一定会有一些更大、更美好的回忆出现,之前的那颗图钉慢慢就显得微不足道了。

在《奇葩说》里,马东说了一句话:"随着时间的流逝,我们终究会原谅那些曾经伤害过我们的人。"

蔡康永随即补充道:"那不是原谅,那是算了。"

是的,时间不会治愈什么,只是让我们曾经觉得无比重要的事情变得不那么重要了。

很多人都说"时间是感情的杀手",认为是时间让彼此变得不可爱了。其实,时间只是替罪羊,真正的感情杀手是漠视:你对他的好视而不见,却还抱怨他对自己不如从前;你对自己的不好习以为常,还逢人就说自己为爱痴狂。

日久生"厌"的真相不是"日久",而是一开始你们两个人都太擅长伪装了,所以彼此看到的是对方装出来的"可爱"和"美好"。

所以,当一个人才见过你一次,就说非常喜欢你,请不要急着得意。因为他只是喜欢他想象中的那个你，但实际上，那个被他想象出来的你，你可能很难成为。

所以，当你非常喜欢或者非常讨厌一个人的时候，请不要轻易说"永远"。你根本就不知道"永远"有多远。那个你爱得死去活来的人，可能没过几天，你连他说话的语调都受不了了；那个你恨之入骨的浑蛋，可能就过了两三个月，你连他的姓氏都想不起来了。

换言之，时间不能从根本上治好你的伤和病，但它却在事实上缓解了你的痛与恨。

当你经历了这样的锤炼，就不会指望时间来给你安排一个十全十美的人，而是铆足了劲变成自己喜欢的那种人。

你才能得到那些让自己释然的"明白"，才会从孤立无援变得独当一面，而不再有不切实际的幻想与不合时宜的想念。

那个人的名字、声音、笑脸、背影、格子衫都不再特殊了，没有了他，你也可以拧开瓶盖，独自回家，可以一个人去看山看水，走走停停，可以一个人吃饭睡觉，不疾不徐……

如此说来，没有哪一段感情是在浪费时间。如果它没有给你想要的，那么一定让你知道了：什么是自己不想要的。

- 3 -

有个男生私信我,说他的人生毁了。上班没有激情,做的都是不用脑子就能完成的事;下班没有乐趣,大半年了没参加过一次聚会。他说他每天都很焦虑,很无聊,也很无助,不知道该怎么努力,也不甘心就这么混着。

他描述他的近况时貌似很激动,以至于所有的标点都是逗号:"最近的运气太差了,像是中了邪一样,一点儿不愉快的小事都会被我无限放大,直到让我崩溃,比如今天早上,我顶着北风站在路边打车,好半天都打不着车,突然出现了一只泰迪,冲着我一顿狂叫。主人笑着把它拽走了,我假装很镇定,等它走远了,自己居然哭起来了,觉得全世界都在欺负自己,然后,我的脑海里面涌现出一堆难过的事情,包括几次失败的恋情,包括找工作碰的壁,包括领导的白眼和不耐烦,我就非常悲观地想,自己做人太失败了,自己的人生毁了!"

然后,他的问题像砖头一样向我砸来:"你觉得我的人生还有救吗?你觉得我的明天会变好吗?"

我没有回答,而是反问了三个问题:"你有多久没有认真地看完一本书了?你有多久没有主动给你的朋友打电话了?你有多久没有挑战自己了?"

我想说的是,你的明天会不会更好不在于你当前有多焦虑、有多慌张,而在于你做了什么!

你要想超出你的同龄人一点儿,不能期待所有人都后退一点儿,而是你要比他们更加努力,更能坚持!

你要想改变你当前的处境,不是等着"锦鲤"帮忙、霉运结束,而是舍得花费时间和精力,舍得折腾自己!

转运最有效的"锦鲤"是努力,击退霉运最有用的招数是更加努力!

怕就怕,你一边发自内心地羡慕别人的本事、身材、地位或才华,一边却把自己的手脚绑起来,把自己困在被窝里、游戏里、手机里、回忆里,然后沮丧地等着时间来救援!

心里想的是"春有百花秋有月,夏有凉风冬有雪,四季如画",现实中却是"春困、夏倦、秋乏、冬眠,四季如梦"。

青葱岁月就像自带美颜效果的相机,会给你谜一样的自信,让你觉得前途一片光明,以为世界总有一天是自己的,以为耗光当前的霉运,余生就是坦途。但随着时间的流逝,当你去到自己的未来时,可能会感受到它的不近人情,以及自己的无能为力!

时间不会拯救你,"锦鲤"也不会。如果你没有脚踏实地的努力,没有按部就班的实际行动,那么来日没有什么可期的,明天也不会更好,最好也不过是你当前窘境的复制粘贴罢了。

当然了,如果你觉得难过和忧愁就能改变过去或未来的某件事,那就请你继续难过和忧愁。

- 4 -

微博上有个问答题:"如果你能回到高二,离上课还有四分钟,你会对自己说些什么?"

获赞最多的回答是:"曾经气势如虹,希望持剑屠龙的少年,我让你失望了。"

人是最擅长幻想和后悔的生物!

当你懵懂无知的时候,你对万事万物满是好奇,想吃最好的食物,想要去最远的地方。你觉得自己永远不会变,永远不会屈服于权威和金钱……可等你对这世间略懂三分的时候,却又想变成一无所知的小朋友。

当你正享受"集万千宠爱于一身"的时候,你拼了命地想变成"无拘无束"的大人。你敢爱敢恨敢造次,想要一段轰轰烈烈的爱情,想要一段潇潇洒洒的人生。你觉得自己会永远忠诚于自由,永远爱憎分明。可等你变成当前这副德行的大人时,你又恨不得造出一台时光机器,把自己送回童年。

时间只是一位自称包治百病的庸医。

它只负责流逝,不负责让你成长;只负责掩埋,不负责疗伤;注定带来苍老,但不一定带来成熟。

它制造了很多美好的幻想,却留下了很多的遗憾。它只是一个无情的看客,而你要自行承担过程和结果。

认清了这一点，你就不会在努力这件事情上心存侥幸，就不会蠢到用认识的时间长短来衡量感情，就不会笨到用誓言的多少来衡量忠诚；就不会花力气去粉饰过去，也不会浪费精力去编造未来，而是关心现在，并努力地活在当下。

想要什么，就从现在开始努力争取；失去了什么，就当是从来都不曾真正拥有过。想通了这一点，也就没什么好纠结的了。

哦，对了。

最好不要幻想回到高二，以大部分人现在的学识，最好是回到幼儿园。因为真要是回到高二，你极有可能会因为成绩太差而被学校劝退。

26 谁不是上一秒"妈的",下一秒"好的"

- 1 -

进入职场后,谁的抽屉里都有几封辞职信,不是你写给老板的,就是老板写给你的。

我曾收过一份辞职信,写信的是个二十岁出头的男生,他不是向我辞职的,而是拜托我给他的辞职信把把关。

实话说,那封信写得很空洞,百分之九十是冠冕堂皇的感谢,百分之十是毫无意义的祝福。我读了两遍,还是不知道他为什么要辞职。

我建议他加一些辞职的原因,结果他的话匣子嘣的一声炸开了,抱怨、愤懑和不甘心全都喷涌出来。

他说，不管自己多么努力，老板就是闭口不谈升职加薪的事情。即便他主动去问，老板也是避重就轻地跟他谈人生，聊聊公司的大好前程，然后给他画几张漂亮的大饼。

他说，他每个月有一半的时间是在通宵写程序，可老板顶多就是夸夸；其他人每天在混日子，老板竟也没当一回事；更让他生气的是，有一个天天在电脑前喝茶聊天的同事，老板却对他格外照顾。

他说，跟他一起毕业的大学同学好几个都成了公司高管，年薪百万。而他还在跟一个四十多岁的大叔合租一套老房子，居住证都没办下来……

他滔滔不绝地陈述着老板和公司的种种不合理，同时把自己的心酸和可怜毫无保留地倒了出来，慷慨得就像一个国王在大摆筵席。

我对他说："其实，大家都差不多，再喜欢的工作也会有让人崩溃的时候，再成功的老板也有让人憎恶的时刻。在职场上，你并不是例外。"

事实上，在职场里遇到完美老板和在情场上遇见满分恋人的概率是一样的，都接近于零。比如，聪明的老板多少有点势利，不势利的老板有可能小气，善良的老板也许会懦弱，强势的老板又可能会武断……

换句话说，你的所有选择，无非是在有这种缺点的老板和有那种缺点的老板之间选择，不过是"两害相权取其轻"罢了。

作为员工，最好能认清两个基本事实。

一、努力工作确实可以感动老板，但不等于他会给你升职加薪。老板会被你的努力感动，甚至一天可以感动好几次。但是，如果你想让他为你的努力买单，他的态度就会从"感动模式"切换成"考虑模式"。

因为老板要对公司利润负责，而不是对你的个人情绪负责。所以他会去衡量：你给公司创造的价值是否大于公司给你的待遇？辞掉你，给公司造成的损失是否大于公司为你升职加薪的成本？

二、关于老板偏心这种事情，你就更没有必要怨天尤人了。不要以为老板笨，或者老板是做慈善的。

老板会花钱养着那些不努力、不上进的闲人，是因为在某些时候、某些方面还需要他们，相比于辞掉这些人，养着的成本其实更低。

至于对个别人特别殷勤，恨不得烧香供着，那极有可能是因为这个人的社会地位、家庭成员能够为老板带来资源、交际上的便捷。也就是说，这个人天天坐在办公室里追网剧、逛网店，也比某些普通员工任劳任怨地工作更有价值。

职场中最残酷的真相就是：一看都是情义，一算都是生意！

- 2 -

赵姑娘在辞职之前也找我吐槽了很多，我之所以对此印象深刻,原因之一是她给我发了五个两百元的红包,说是"租用"我半小时,我特别喜欢这种直接而又纯良的金钱交易。

事情大致是这样的。作为公司营销部门的成员,赵姑娘没日没夜地鏖战,前前后后修改了八遍策划案,结果老板只看了五分钟就给出判断:"你用了一个月的时间就做出这种狗屎一样的东西?"

"狗屎"两个字砸过来的时候,赵姑娘感觉自己被人打了一棒子。她委屈、生气又着急,刚想要解释,老板直接把策划案扔垃圾桶里了,然后冷漠地对她说了两个字:"重做!"

她心里默默地骂了三遍"妈的,大浑蛋",然后大声地回答:"好的,老板。"

她说:"我真的受够了这种不近人情、毫无人性的老板,也受够了这种没有自由、毫无乐趣的公司。"

我问她:"那你想好下一步怎么走了吗?"

她说:"没想好,大不了做个自由职业者,租辆车到处逛,抽空写写文章,多美好!"

我追问:"你确定当得了自由职业者?你确定羡慕的是那种没有工作、居无定所的生活?你确定能在开了七八个小时的车之后,还能写东西、做文案?你确定能享受那种有时间、没收入的日子?"

她说:"你不是应该鼓励我吗?干吗打击我?"

我说:"我没想要打击你,而是希望你想清楚,到底想要什么样的未来,以及自己能承受怎样的代价。"

我想说的是，明智的辞职是你确认了面前有一个更好的机会，而不是因为"我烦死了""我气死了""我受不了了"。

辞职不应该是对当下问题和困难的逃避，而应该是对未来去向的选择。

只有弱者才会在自己能力糟糕、情绪崩溃的时候愤而辞职，强者则会目标清晰地坦然离去。因为他知道去哪里，他的动机是去寻求更高的平台、接受更大的挑战。

事实上，没有一种工作是不委屈的，谁都能轻易找出一大堆辞职的理由。

比如，老板有眼无珠，不信任员工，不放权；同事钩心斗角，不团结，不上进；公司里充满了阿谀奉承，员工的工作效率就像是老牛拉破车……

又比如，"为什么背黑锅的人是我？""为什么吃力不讨好的人是我？""为什么占便宜的是那个擅长邀功的人？""为什么我的努力最终都成了无用功？"

可问题是，谁不是一边绷不住了，一边还用力地绷着！

菜鸟的职场不是快不快乐的生活问题，而是钱够不够花的生存问题！

特别强调一下，不要拿"钱少事多离家远，位低权轻责任重"作为自己理直气壮去辞职的理由，毕竟，这个世界上根本就没有一

种工作是"钱多事少离家近"的,也没有一个职位是"位高权重责任轻"的。

- 3 -

那么,老板就比员工活得更舒服吗?
不一定,老板可能比员工还要委屈!

自从老曹创业之后,我和他很久没见了。前不久,他找我吃饭。刚一落座,他就点了一大桌子吃的,我笑着问他:"曹老板,撑死算工伤吗?"

当老板之前,老曹在一家很大的广告公司做设计总监,因为身居要职,而且贡献最大,所以他常常不把老板放在眼里。在一次不大不小的决策失误之后,老板批评了他两句,结果他当场就爆炸了,朝着老板吼道:"你脑子进水了吧!"

再提及当年,老曹一脸尴尬:"我以前总觉得老板很白痴,什么都不懂,又什么都要管。现在才知道,我才是白痴,是脑子进水了,居然自己做老板!"

我笑着问:"你这老板不是当得挺好的吗?又有钱赚,又自由,决策上霸道、独裁,张嘴闭嘴谈的都是百八十万的生意。"

他连连摇手说:"鬼哦,你是不知道当老板有多惨!"然后,这场聚餐的性质由把酒言欢变成了诉苦大会。

"要说自由也确实自由，想几点上班就几点去，可心里没有一刻是踏实的。心里装的都是进度、开支、催款、投诉这些乱七八糟的事情，完全没有以前上班打卡时的那种心安理得。我现在每天都很惶恐、焦虑，感觉随时都会被取代、被淘汰。"

"要说赚钱也确实赚了一些，但是不敢花。因为赚钱太难了，花出去太容易了。一方面，十几个员工等着我开工资，房租、水电、贷款也在等着我；另一方面，客户的欠款不知道会拖几个月，公司的某个环节出错了又不知道要罚扣多少钱。"

"客户和员工都可能站在我的对立面，因为客户是花钱买服务的，才不管我熬了几天夜；员工是花时间来挣钱的，才不管我跟人赔了多少笑脸。"

"优秀的员工觉得自己翅膀硬了，经常不把我的话当回事；不优秀的员工觉得自己挣少了，也不把我的话当回事。"

"不管我花了多少精力和成本去培养一个新人，但凡他练出了一点儿本事，就随时可能会跳槽，一点儿面子不留。"

"留下来的老员工也不叫人放心。我在办公室里，他们是小长假；我出趟远门，他们就是寒暑假。"

说到这儿，老曹特意讲了一个插曲，差点儿没笑死我。说是他公司有个小女生向他辞职，老曹问她为什么。

结果对方耿直地说："公司要倒闭了，你看不出来吗？"

老曹说他当时气得脸都绿了，却只憋出一句话："好的，祝你前程似锦。"

你看，即便是一个公司的老板，也有如此多的怨气，也有那么多不足为外人道的无奈，但因为身处其位，因为还抱有希望，因为还有热爱，所以他可以接受员工的敷衍、误解，甚至是背叛，做到"睁一只眼，闭一只眼"；所以他受得了客户的挑剔、为难，甚至是违约，做到"一边崩溃，一边自愈"。

-4-

快要下班了，老板给你安排了新任务。你心里各种咒骂，但面露微笑地说："好的。"

要出国旅行，根本就不熟的朋友找你代购马桶盖。你心里各种不爽，但还是一脸和蔼地说："没问题。"

几十年不说话的同学突然加你微信，邀请你参加他儿子的满月宴。你心里一阵反胃，但还是痛快地回复："一定到场。"

生活是个狠心的编剧。它给了你掌声，也赏了你耳光；给了你免费的美好，也给出了你怎么努力都得不到的美好；给了你知心朋友和亲密爱人，也逼着你对讨厌的人强颜欢笑；给了你无尽的美食，也让你变得大腹便便……

但你可以选择做个出色的"演员"。别人只能看你的心平气和，但看不到你在难关面前手忙脚乱地卖力死磕；别人只能看到你在人前笑得没心没肺，却看不到你在深夜里泣不成声；别人只能看你社交软件上精修过的美好和热闹，却看不到你独处时的无奈和煎熬。

因为你知道，丧，一点儿都不酷，因为它太容易了，顶住一切去热爱才是真的酷！

难怪有人说："小时候，哭是搞定问题的绝招；长大后，笑是面对现实的武器。"

谁都有情绪崩溃的时候，谁都想过"老子不干了""老娘要辞职"，想着拍桌子，或者冲进老板的办公室里对他吼一顿……

然而，你最终还是忍住了，因为你不知道自己下一份工作会不会更糟糕，因为你担心信用卡和银行贷款还不上，因为你怕家里人担心……因为你知道，一时冲动造成的残局会难以收拾。

所以，你自我拉扯了一整天，艰难地熬到下班，艰难地回家睡觉，然后第二天早上按时起床，化着精致的妆，穿着得体的衣服，摆着体面的笑容，像永远不会死一样，把自己硬拽进办公室这个没有硝烟的战场。

快活的人生不是用逃避的方式来忘记眼前的苟且，而是用死磕的方式去直面问题。而所谓诗意与远方，其实就是你处理完这些问题之后得到的奖赏。

失望就应该被希望镇压，悲伤就应该被努力节制，在一个人对生命的全部依恋之中，有着比世界上任何痛苦都强大的东西。

做一个不动声色的大人吧，沉迷又独立于俗世，活得无怨并且尽兴，归来时满载而且清白。

27 纯洁不是知道的少,而是坚守的多

- 1 -

圣诞节的那天,我写稿子到晚上十一点多,手机突然响了,是胡娟给我发了微信消息。她没头没尾地说了一句:"老杨,我今天做了一件超级蠢的事。"

她说的蠢事其实是赴了一场不该去的约会。

当天晚上八点多,在家待了一整天的胡娟接到了一个男生的电话,约她去逛花市、看电影。约她的男生是她高中时的班长,他俩多年不见,只偶尔在微信里闲聊几句,胡娟印象中的他很憨厚,当年对自己也非常照顾,两个人还曾以"兄妹"相称。也许是因为节日,也许是因为心情不太好,胡娟赴约了。

过程很愉快，他们像老朋友一样谈天说地，然后吃东西，看电影，结果就在送胡娟回家的路上，男生突然抱住胡娟，并强吻了她。

胡娟可是个烈女子，抡起胳膊就给了男生一记耳光，然后落荒而逃。

回到住处，胡娟锁紧房门，洗了五遍脸，刷了三遍牙，依然觉得后怕，隐约还夹杂着一些反胃。

她说："其实这事也怪我想得太纯洁了，我不该高估了友情，就算他平时很老实，很有修养，我也不该大晚上去赴约。他可能会觉得，这么晚还能出来玩，就是默认了我愿意和他发生点儿什么。"

我毫不留情地说："是的。一个姑娘大晚上单独赴约，而且约会对象还是一位久未谋面的异性，如果你事先没有任何估量或者提防，这根本就不叫单纯，只能叫幼稚；如果你早就感觉到了对方的暗示，仅仅是因为无聊或孤单而赴约，那你的行为更不能算单纯，只能叫利用。"

我想说的是，这么大的人了，若是什么都不懂，那不是纯洁，是傻。

未经世事的那种单纯，就像是没有经过考验的道德，就像是没有受过诱惑的忠诚，随时都会将自己置于危险的境地。

我所理解的单纯，是懂得很多套路，却不容易被人套路；是听得懂别人的言外之意，却能坚守自己的原则；是说话、做事、交友的过程中，不附加任何的利益和目的；是在面对诱惑时，不迷失自己的本性；是身处孤独的旋涡中，能够在精神和生活上自给自足。

我所理解的单纯，是不用假装听不懂别人的话，不用掩饰对某个人、某件物品的喜欢或者厌恶；是能够掂量出异性所说的"我请你吃饭""我陪你聊聊""来我们公司""我养你啊""可以抱抱你吗"之类的言语中有多少是真心实意，有多少是肾上腺素指使的。

给女生的善意提醒：不要仅凭很久之前的好印象就无条件地对人产生信任，也不要仅凭几次不明确的示好就卸下防备，那些对你关怀备至，看起来和你的哥哥、爸爸，甚至是爷爷年纪相仿的人，也许并没有把你当妹妹、女儿或者孙女看待！

- 2 -

曾有个男生问我："你相信异性之间有纯洁的友谊吗？"
我说："我相信。"
他又问："那你相信异性之间有能睡在一张床上却不动邪念的友谊吗？"
我说："我也相信。"

他以为找到了知音，然后大胆地向我描述他和一个女性朋友的"纯洁友谊"。

他说他有一个非常喜欢的女朋友，还有一个非常聊得来的女性朋友。一个星期天，那位女性朋友找他谈心，然后他就去了那位女性朋友的家里。两个人喝着啤酒，谈着心事，从午后聊到夜色深沉。然后，两个人躺在一张床上，睡到第二天醒来。

他再三向我强调："我们什么都没有发生。"

我说："我信。"

他说："可是我女朋友不信，不论我怎么向她解释，她都铁了心要跟我分手。"

我翻着白眼回复道："大概是因为你太纯洁了，她觉得自己配不上你。"

你跟异性朋友的关系纯不纯洁，合不合适，恶不恶心，不是你觉得内心坦荡就够了，你和异性朋友的关系是否纯洁的裁判员是你的女朋友。她觉得你过分了，你就是过分了；她觉得没问题，才叫没问题。

我所理解的纯洁，是能让自己的女朋友放心，是能够和异性朋友保持适当的距离。

而不是用"我们只是普通朋友""正常的见面吃饭而已""你别胡思乱想""我们要在一起早在一起了""我跟你说就说明我心里没鬼"之类的言辞来安抚你那已经崩溃了的另一半。

再说了，真正纯洁的异性友谊，也不应该躺在一张床上，然后用"我们什么都没有发生"来证明这份友谊的纯洁。

与其有你这样纯洁到可以跟异性睡在一张床上的男朋友,不如找一个不纯洁的男朋友——他深知自己不够纯洁,所以不会允许自己跟异性睡在一张床上。

不论友情还是爱情,保护它的最好方式是努力让它避开考验,而不是故意给它制造难题!

- 3 -

橘子小姐发了一条朋友圈:"诚意可以装,老实可以装,清纯也可以装,请问这个世界还有什么是真的?"

一问才知道,她是被自己的室友恶心到了。

同样是赚零花钱,橘子小姐每天熬夜写文卖钱;那位室友却在淘宝上买东西,然后到处写差评,以此来逼迫卖家返现。

同样是参加作文比赛,橘子小姐凭实力得了第三;那位室友却花钱雇了一批水军,疯狂为自己的文章点赞,结果拿了第一。

更让橘子小姐恶心的是,室友拿到卖家返现的钱后,还到处跟人炫耀,就像是她辛苦挣来的一样;拿到作文比赛的奖状了,还逢人就说自己读了多少书,就好像这奖状是她应得的一般。

真正让橘子小姐觉得恶心的,不是室友丑陋的行为,而是她戴了一副漂亮的面具。

我问她:"那你为什么不去给卖家差评?你为什么不去买粉丝炒作?"

她说:"因为我觉得那样做很恶心。"

我说:"这就行了。你既然选择了鄙视她,也就没必要跟她较劲儿。把不择手段的人抬举成对手,太窝囊了。"

我的意思是,继续做你自己觉得对的事情就行了。她的奸邪,胜之不武;你的坚守,虽败犹荣!

很多人只是合照很多,并不是朋友很多;很多人只是比你更会撒谎,并不是真的光芒万丈。所以用不着耿耿于怀。

成熟的标志之一就是,就算遇见了道貌岸然的人,就算有避免不了的明枪暗箭,自己还是听从内心,不放纵,不妥协,在并不友善的环境里,兵来将挡,水来土掩,一如既往地做好自己!

在任何一个圈子里,你都应该有自己的想法和坚持。即便是随时都有可能败下阵来,即便是被一些人误解,即便是被某个圈子排挤在外,你都不能乖乖地束手就擒。

你该较真的是,自己还能不能与司空见惯的装腔作势战斗?还能不能与显而易见的阿谀奉承战斗?还能不能与心胸狭隘的羡慕嫉妒战斗?

借用南京大学张异宾教授的话:"愿你们在步入这个物性的社会的时候,遇到低俗、平庸、无耻时,会在生理上产生一种深深的厌恶感。"

不管是学习、工作、生活，还是感情，你内心的声音永远是最好的参谋！

所以，凡是违背良心的事，你就不该去做。

守住自己的底线，你可能会因此失去一些东西，可能占不到便宜，但得到的，一定不会让你觉得恶心。

所以，别再抱怨世界不公平，也别再说"好人成佛需要经历九九八十一难，而坏人成佛只需要放下屠刀"这种话，你该反问自己："我愿意做个坏人吗？我做坏事，能安心吗？我做坏人，能及格吗？"

- 4 -

很多人都知道做人要有底线，但很多人的所谓底线是"分情况"和"看心情"。

有人将"出轨"定为爱情的底线，结果事到临头却在纠结："他究竟是一时冲动，还是被人诱惑？""他究竟是早就心有所属了，还是不小心犯了错误？"

有人将"背叛"视为友谊的底线，结果被人骗了却在烦恼："也许她有难言之隐，也许她是怕伤害我，毕竟能交到一个掏心掏肺的朋友不容易。"

有人将"热爱"当作事业的底线，结果被小心眼儿的上司虐得死去活来，决心要离职却又犹犹豫豫："这么好的机会不能放弃啊，再说了，哪个上司不虐下属……"

有的人在人多的地方会把垃圾分类再放进垃圾桶里，但四下无人时却随手就扔；在大白天遛狗的时候，自觉收拾宠物粪便，而在夜里却对自己宠物的粪便视若无睹。

有的人在朋友圈里表现得非常懂事、乖巧，私底下却非常蛮横；在外人面前表现得非常有教养，私底下却性情暴戾、满口脏话。

其实，真正的底线，意味着"绝不"，意味着"没有商量的余地"，意味着"在别人看不到的地方也依然如此行事"。

一个人有没有教养、值不值得信赖，就看他能不能在缺少监督的情况下守住道德的高地。

有底线的人，不是不知道这个世界的污浊和黑暗，而恰恰是因为知道，所以更想坚守原则。

这样的人不会为了眼前的利益而放弃自己的原则，因为他知道，因为违背原则而留下的污点，因为侥幸而产生的亏心，比电池更难降解。

这样的人不会允许自己沦落为肮脏的一部分，也不会为所谓的"捷径"和"方便"摇旗呐喊，更不会轻易被金钱、美色、权力迷惑。

这样的人知道活着的乐趣是，对美好的一切不遗余力，对不美好的一切保持淡定。他们知道坏人有时候会得尽好处，但依然选择做好人；他们知道有些好逸恶劳的人也能扶摇直上，但依然选择勤勤恳恳；他们知道出卖良心和道德可以换来衣食无忧，但依然选择守住本心。

最后，请记住丰子恺老先生的话："有些动物主要是皮值钱，譬如狐狸；有些动物主要是肉值钱，譬如牛；有些动物主要是骨头值钱，譬如人。"

[全书完]

每天演好一个情绪稳定的成年人

作者_老杨的猫头鹰

产品经理_**邵蕊蕊**　　装帧设计_**游游**
技术编辑_**陈鸽**　　执行印制_**梁拥军**　　出品人_**李静**

营销团队_**闫冠宇 杨喆**　　物料设计_**游游**

鸣谢（排名不分先后）

刘毅　　ZOU XIAOSEN

果麦
www.guomai.cn

以 微 小 的 力 量 推 动 文 明

图书在版编目（CIP）数据

每天演好一个情绪稳定的成年人 / 老杨的猫头鹰著.
南京：江苏凤凰文艺出版社，2024.9. -- ISBN 978-7
-5594-8904-3
  I. B842.6-49
  中国国家版本馆CIP数据核字第20246X8T42号

每天演好一个情绪稳定的成年人

老杨的猫头鹰 著

出 版 人	张在健
责任编辑	白　涵
特约编辑	邵蕊蕊
装帧设计	游　游
出版发行	江苏凤凰文艺出版社
	南京市中央路165号，邮编：210009
网　　址	http://www.jswenyi.com
印　　刷	河北鹏润印刷有限公司
开　　本	880毫米×1230毫米　1/32
印　　张	10
字　　数	225千字
版　　次	2024年9月第1版
印　　次	2024年9月第1次印刷
印　　数	1—30,000
书　　号	ISBN 978-7-5594-8904-3
定　　价	49.80元

江苏凤凰文艺版图书凡印刷、装订错误，可向出版社调换，联系电话：025-83280257